U0275874

黄河流域水利碑刻集成

河南卷 五

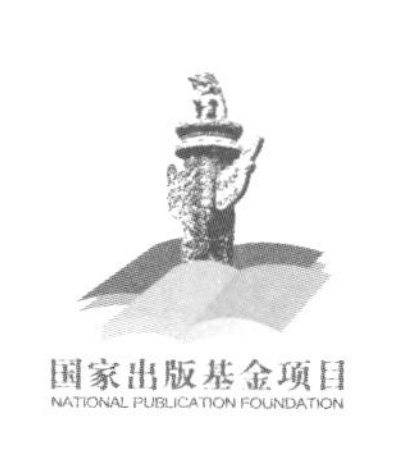

總主编 趙超 行龍
執行總主编 駱玉安
本卷主编 余扶危
本卷執行主编 王雲紅

上海交通大學出版社
SHANGHAI JIAO TONG UNIVERSITY PRESS

清（四）

敕封鎮東侯楊家廟碑記

古今嘉舉有為之前者以彰厥美宜有為之後者以永厥傳如邑西古小營村有前明永樂年間封為管理河神

楊四將軍者其生前異蹟前知溫縣事 錢公已歷言之至於歷代 敕加鎮東侯總理江湖河道巽蓮平浪元帥等

封相傳亦久茲俱不贅但以余涖任下車後即奉 河督憲張官 之萬札開 將軍在張秋鎮沈家口運船帮至河中

無水運恩江安糧道許官篆 道身迎河道敬官 和向廟虔禱即沛甘霖河水陡漲五尺運船早達 神京命查 將

軍事蹟後裔余據 錢公常惺惺齋文集及 將軍裔孫從九品 南庠生聯光抄呈 東乘為之申詳總 河督憲蘊官

篆 廷魁 奏請加封 六年十二月二十二日奉

旨欽加靈佑七年現任撫帥李官篆 鶴年因在 將軍廟左修造礮船顯靈手書濯靈濟順匾額委員齋懸於廟之正殿八年

八月十一日又奉

旨欽加贊順崴號頻頒寵奉增隆於前代 神功懋著英靈丕顯於

本朝祀典煌煌聲祭維虔余宰茲土敢不敬仰又查知楊氏舊有祭田數段以為歲修時薦之須余已出示曉諭嚴禁

佑囑將坐落畝數并勒諸石以垂不替是為之記

特用府運同銜即補直隸州溫縣正堂加十級紀錄二十次孫學均敬誌

裔孫附貢生 峯青沐手敬書并篆額

裔孫曾孫 春甫 郡庠生 磊

合族全立

大清同治九年嘉平月吉日 孟邑王工東全興鐫

496. 敕封鎮東侯楊家廟碑記

立石年代：清同治九年（1870年）
原石尺寸：高157厘米，寬63厘米
石存地點：焦作市温縣招賢鄉安樂寨村

敕封鎮東侯楊家廟碑記

古今嘉舉有爲之前者，以彰厥美；宜有爲之後者，以永厥傳。如邑西古小營村有前明永樂年間封爲管理河神楊四將軍者，其生前异迹，前知温縣事錢公已歷言之。至於歷代敕加鎮東侯、總理江湖河道、翼運平浪元帥等封，相傳亦久，兹俱不贅。但以余莅任下車後，即奉河督憲張官篆之萬札，開將軍在張秋鎮沈家口，運船帮至河中無水，運憲江安糧道許官篆道身、運河道敬官篆和，向廟虔禱，即沛甘霖，河水陡漲四五尺，運船早達。神京命查將軍事迹、後裔。余據錢公常《惺惺齋文集》及將軍裔孫監生周從九召南庠生聯光抄呈家乘，爲之申詳。繼任河督憲蘇官篆廷魁，奏請加封。六年十二月二十二日，奉旨欽加"靈佑"。七年，現任撫帥李官篆鶴年，因在將軍廟左修造礮船顯靈，手書"濯靈濟順"匾額，委員齎懸於廟之正殿。八年八月十一日，又奉旨欽加"贊順"。徽號頻頒，寵奉增隆於前代；神功懋著，英靈丕顯於本朝。祀典煌煌，致祭維虔。余宰兹土，敢不敬仰？又查知楊氏舊有祭田數段，以爲歲修時荐之須，余已出示曉諭，嚴禁侵占，囑將坐落、畝數并勒諸石，以垂不替。是爲之記。

特用府運同銜即補直隸州温縣正堂加十級紀録二十次孫厚均敬誌，裔孫附貢生峰青沐手敬書并篆額。

裔孫督工首事人：春甫、春輝、庠生磊。孟邑玉工申玉興鐫字。

龍飛同治九年嘉平月吉日合族同立。

497. 告示

立石年代：清同治九年（1870 年）
原石尺寸：高 51 厘米，寬 44 厘米
石存地點：焦作市沁陽市懷慶街道陽華村湯帝廟

加同知□□□……出示嚴□□□……思查卷□□禁以□□□……據職村□□□……愛民如子，□□□……上游□□□……舊有小堤一道，□□□……該寺庄□南舊有□□□……有石橋一座，河尾□□□……南半里許澈□於沁，各村被□□□……久，碑文可考，其東邊□□□……滏，西邊滂，□□東沁湯村挑挖□□河□通橋眼暢流，惟中間□□□……村挑挖，詎□庄村損人益己，伊等將中間滂河，早經於平石橋□□□……多種地□□□……挑挖，每遇水大，故將堤剜口，使職等村受無窮之害。曾於同治五年□□□……村王珩、朱兆瑞等私將□堤剜口逼水，將職等村淹壞。當經控，蒙□□□……令王珩等□□挑挖中間滂河，以備澈消。伊村之水永不許□□□……如再私剜，定行重究，具結在案，有卷可查。伊等仍未興□□□……堤，職伺候恩駕面禀前田［因］，蒙恩將王珩等叱咤從寬□□□……文刷印□張，以憑出示嚴禁，如毛庄村倘再私剜□□□……奉恩□□□碑文呈案，并將被害情形禀明公，懇恩□□□……堤以免訟詞，合村公感上叩等情，據此除呈批示外，合□□□……仰，沿河居民人等知悉，爾等各宜遵照舊章，務將河渠□□□……村於墊，沿河身堤亦宜修築高厚，以免冲決之虞。倘有刁□□□……已□顧損人，敢違定章，私剜決□，以致有害田禾者，定照盜□□□……從重治罪，決不□□□，各宜凛□毋違。特示。

各仰周知。

同治九年□月初□□示。

皇清

498. 重修黄大王廟獻殿三楹碑記

立石年代：清同治十年（1871 年）
原石尺寸：高 116 厘米，寬 59 厘米
石存地點：洛陽市欒川縣石廟鎮石廟村黄密寺

〔碑額〕：皇清

重修黄大王廟献殿三楹碑記

嘗思有其舉之，莫敢廢也。矧以是廟之建立，百有餘年於兹矣，顧可坐視土崩而瓦解乎？邇年來前後兩殿已經修理，只有献殿三楹……邢福慶向杜君桐茂者，計及頽圮已甚，杜君遂慨然動念曰：此一人之力，難以勝任。因約諸位同志者，募化一方善士捐資財，以備□料……初三日。予於同治庚午年春閒游其所，目睹規模焕然聿新，頗改舊觀，遂不禁動念曰：此何人之功德也？問其由首事人等，遂囑予爲文……督理之勞，不可以弗誌也。遂不揣固陋，姑略述其概，以壽諸石焉。是爲序。

庠生常思超撰，從九杜桐茂書。

功德主：□萬年施錢五仟文，從九杜桐茂施錢貳仟文，山主潘永貴施錢壹仟文，李振法施錢伍百文，張九如施錢一仟文，張全忠、薛同成、趙九長、丁萬林、李振昇、黄占元施錢五百文，長順号施錢一仟文，許昌齡施錢貳仟文，黄明春、太和義、天盛和、常中運、常中興、永德堂、雙合公、杜在田、合盛公施錢壹仟文。常太恒、朱興盛、大順貞、泰和禮、張全興、胡義、余德仁、恒興昌、邢國棟、余占伊、全育堂、魏春法、郝景科、白文興、常清吉、王清元、艾思方、查永廣、明德堂、郭清源、監生常全章、監生徐從興，以上俱各施錢伍百文。青榆堂、張法云、張法玉、姚建和、史復明、馬順興、王占名、刘魁、付金相、户魁元、查芳明、張士賢、潘玉林、谷文太、公順号、永和号、同合号、中益信、中益仁、郭依德、張九酬、宋福祥，以上俱各施錢伍百文。侯萬樂、蘇金成、張紅福、侯春興、周福元、崔法魁、刘文太、徐累成、常思貴、李旺、永合成、李奇春、童仁□、趙永順、洪克順、丁怀富、丁致和、張永祥，以上俱各施錢伍百文。洪芳、趙永法、張敬先四百文。王春福、張興順、王玉藻、何興、王紅、馬登朝、王文瑞、高尚書、明昌玉、王安邦、何永興、應明魁、韓玉杰、陳士太、馬玉成、常三餘、吕大用、楊大成、永合号、潘玉瑞，以上俱各施錢三百文。范文全、户建有、王來春、常東畏、張紅玉、張九重、潘順興施錢三百。吴順夫、刘和太、張九思、周元吉、李鳳鳴、侯春法、常中道、李福朝、刘永賢、陳永德、潘玉怀、耿安、付東方各施錢貳百文。陸樟娃、曹老四、李天福、同宝金、刘連、林生魁、周老大、趙福貴、丁萬順、張和、洪福、張方、魏老五、張文秀、胡永法、趙明昇、車永貴、吴得林、耿金魁、耿金貴、耿金荣，以上各施錢貳百文。永盛益、沈天柱、潘金鐘貳百。

同治拾年新正月中澣穀旦立。

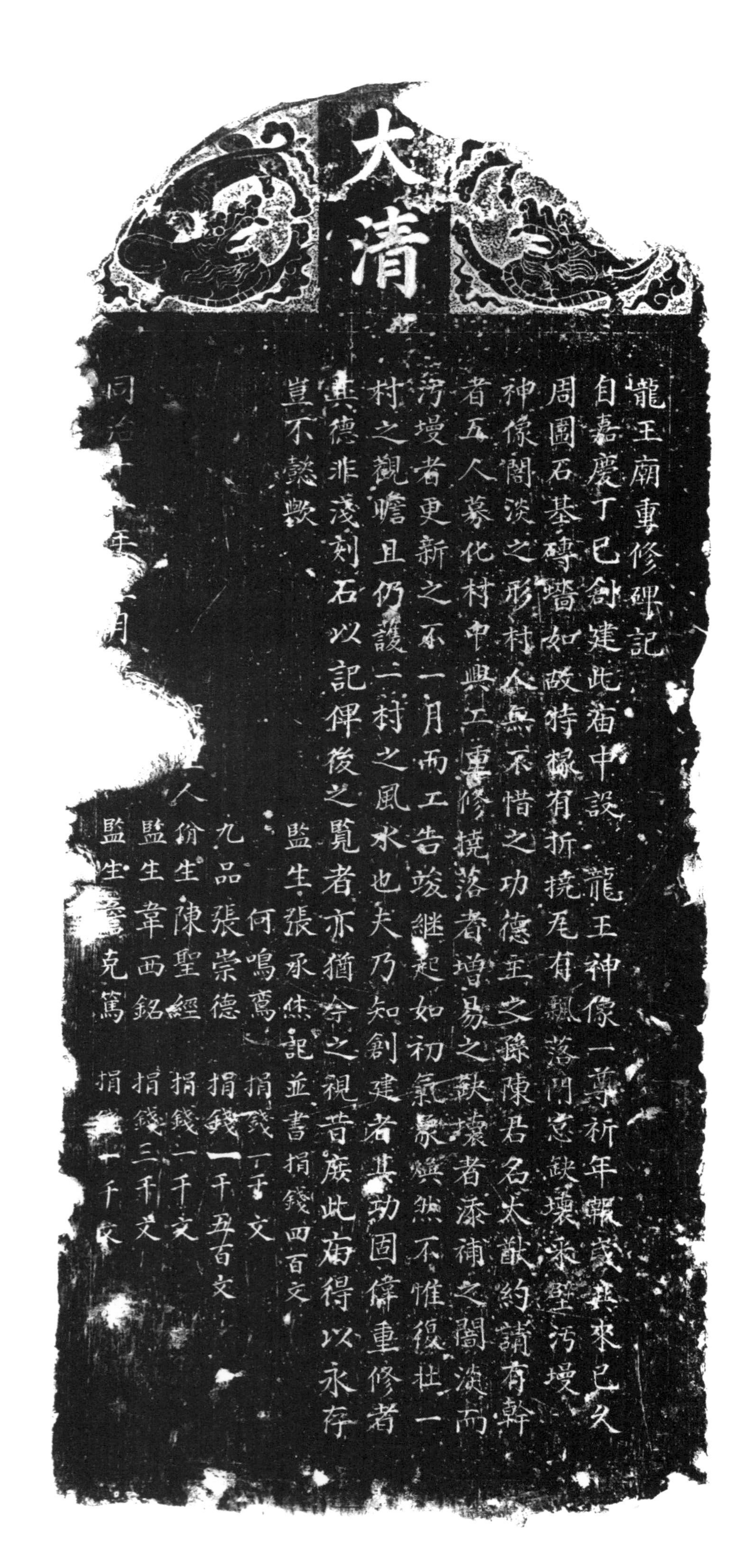

大清

龍王廟重修碑記

自嘉慶丁巳創建此廟中設龍王神像一尊祈年報賽由來已久周圍石基磚牆如故特椽有折撓瓦有飄落門窓缺壞泥壁污墁神像闇淡之形村人無不惜之功德主之孫陳君名太猷約請有幹者五人募化村中興工重修撓落者增易之缺壞者添補之闇淡而污墁者更新之不一月而工告竣繼起如初氣象煥然不惟復昔一村之觀瞻且仍護二村之風水也夫乃知創建者其功固偉重修者其德非淺刻石以記俾後之覽者亦猶今之視昔庶此廟得以永存豈不懿歟

監生張承烋記並書捐錢四百文

何鳴鸞捐錢一千文

九品張崇德捐錢一千五百文

佾生陳聖經捐錢一千文

監生韋西銘捐錢三千文

監生[illegible]克篤捐[illegible]一千文

同治十[illegible]年[illegible]月[illegible]人

499-1. 龍王廟重修碑記（碑陽）

立石年代：清同治十一年（1872年）
原石尺寸：高95厘米，寬47厘米
石存地點：洛陽市洛寧縣趙村鎮張營村

〔碑額〕：大清

龍王廟重修碑記

自嘉慶丁巳創建此庙，中設龍王神像一尊，祈年報歲，其來已久。周圍石基、磚墻如故，特椽有折撓，瓦有飄落，門窗缺壞，采壁污墁，神像闇淡之形，村人無不惜之。功德主之孫陳君名大猷，約請有幹者五人，募化村中，興工重修，撓落者增易之，缺壞者添補之，闇淡而污墁者更新之，不一月而工告竣，繼起如初，氣象焕然，不惟復壮一村之觀瞻，且仍護一村之風水也。夫乃知創建者其功固偉，重修者其德非淺，刻石以記，俾後之覽者，亦猶今之視昔，庶此庙得以永存，豈不懿歟。

□□□：何鳴鸞捐錢一千文，九品張崇德捐錢一千五百文，佾生陳聖經捐錢一千文，監生韋西銘捐錢三千文，監生詹克篤捐錢一千文。

監生張承烋記并書，捐錢四百文。

同治十一年二月。

499-2. 龍王廟重修碑記（碑陰）

立石年代：清同治十一年（1872 年）
原石尺寸：高 95 厘米，寬 47 厘米
石存地點：洛陽市洛寧縣趙村鎮張營村

監生顧德順捐錢二千，張瑞興錢二千，詹夢儒錢一千，監生張承熙錢一千，段朝叙錢一千，監生陳聖統錢一千，張□揆錢一千，宋兹來錢八百，黨萬興錢八百，張應清錢六百，張湘錢六百，詹應德錢六百，監生張從□錢五百，何太吉錢五百，張維謙錢五百，何鳴彦錢五百，焦從彦錢五百，詹夢彪錢五百，韋西田錢五百，張天乙錢五百，邢永和錢五百，張永興錢五百，□□□、張洛春、何中興、曾永康、曾永福、趙金印，以上各四百。焦銀娃、曾□啓、寿民陳永興、占□福、韋西波、占應麒、賀恒盛、占喜成、張紹武、張芝蘭、曾守選、何鳴聚，以上各三百。曾永禄、張百瑞、楊文太、雷文太、程振清、程天□、梁舒太、邢玉順、何有、何行、張同光、張丁酉、曾守礼、曾永和、庠生張中□、陳曰礼、陳二江、完顔荣、張芝秀，以上各二百。占發財一百五十文，王八虎、曾和、張振拔、占三娃、梁行、郭夢聖、曾發太、張□子、曾恒山、曾且、韋發枝、顧聲、王磨官、何鳴珂、張從箴、張百禄、完顔花、張百亨，以上各一百。張印祥、占拴柱、張應和、曾明榜、邢振喜、邢玉德、郭九一、占全成、張鐵拴、程天錫、陳聖典、張國璽、雷还來、楊全來，以上各一百。邢德興、占明寅、張本立，以上各一百。

本社人捐錢壹千文。

永垂不朽
合村仝立石

500. 重修龍王廟碑記

立石年代：清同治十一年（1872年）
原石尺寸：高166厘米，寬55厘米
石存地點：洛陽市伊川縣江左鎮白村龍王廟

〔碑額〕：永垂不朽

重修龍王廟碑記

嘗聞莫爲之前，雖美弗彰；莫爲之後，雖弗盛傳。……龍王廟一座，不知創之何時，問之父老……一方蒙庇佑焉。……後同捐資財，□慨夫功，不一日而神像廟貌……

大清同治十一年九月穀旦，合村同立石。

流芳

更修荅龍廟創建戲台棟宇碑記

後學許爲榮撰文

胡致中書丹

竊思龍神之爲德也，隱見莫測，變化無窮，體上天之好生，慰下民之仰賴，騰雲致雨，四時咸若，洵爲護國佑民之神也。然顧神無往而不有，廟亦隨地而可建。溯來清沙村舊有荅龍廟一所，創建莫稽，自乾隆六年重修，迄今日久年深，風雨毀頹，敗不堪矣。且廟貌陳隘，不足以妥神威；戲台無宇，亦無以蔽風雨。歲祀獻戲，殊失其數，恆欲廓其神廟，修其台宇，然有志未逮。適有本村馬青章妻張氏夜夢神徵，筆而立意重修，錫恍二載。石公振玉聞知此非一人所能爲也，恪詣爾迹，衆公商，僉曰重修改作，奈地隘何？斯時中有馬公善魁曰：吾施一墻地以大之，可乎？僉曰甚善。於是同心協力，各任其事，捐資募化，鳩工庀材，創修戲台棟宇，恢潤廟爲三楹。將見神廟輝煌，歌台嵯峨，入廟拜瞻者莫不心曠神怡，其喜洋洋矣。功成勒石，偽予爲文，予年近古稀，學疏也，何能爲文，謹叙其事，以垂不朽云。

社首 石振玉捐錢五千文　曾首 許金城捐十二千文　胡英興捐十二千文　許恆心捐十五千文　管事

[illegible]

木匠 馬占祥施錢五百文　石匠 許金城　李彦田

大清同治十一年歲次壬申小陽月合社同立

501. 更修蒼龍廟創建戲臺棟宇碑記

立石年代：清同治十一年（1872 年）

原石尺寸：高 128 厘米，寬 48 厘米

石存地點：安陽市林州市任村鎮清沙村蒼龍廟

〔碑額〕：流芳

更修蒼龍廟創建戲台棟宇碑記

竊思龍神之爲德也，隱見莫測，變化無窮，體上天之好生，慰下民之仰賴。騰雲致雨，四時咸若，洵爲護國衛民之神也欤！顧神無往而不有，廟亦随地而可建，向來清沙村舊有蒼龍廟一所，創建莫稽，自乾隆六年重修，迄今日久年深，風瀟雨毁，頹敗不堪矣。且廟貌狹隘，不足以妥神威；戲臺無宇，亦無以蔽風雨。□報献戲，每嘆其艱，恒欲廓其神廟，修其台宇，然有志未逮。適有本村馬青章妻張氏，夜夢神儆覺而立意重修，獨化二載。石公振玉聞知曰："此非一人所能爲也！"恪治菲酌，邀衆公商。僉曰："重修改作，奈地隘何？"斯時中有馬公喜魁曰："吾施一墻之址以大之，可乎？"僉曰："甚善！"於是同心協力，各任其事，捐資募化，鳩工庀材，創修戲台棟宇，恢闊廟爲三楹。將見神廟輝煌，歌台燦目，入廟拜瞻者莫不心曠神怡，其喜洋洋矣。功成勒石，属予爲文，予年近古稀，荒疏已久，何能爲文，僅叙其事，以垂不朽云。

後學許萬荣撰文，胡致中書丹。

社首石振玉捐錢五百文。

會首：許金城捐錢二百文，胡立興捐錢二百文，許恒心捐錢二百文。

管事：……㪍子詳捐錢二百文，胡緒先捐錢四百文，馬其後捐錢三百文，胡明章捐錢四百文，胡三元捐錢二百文，石振川捐錢五百文，胡士中捐錢二百文，馬義文捐錢四百文。

木匠馬占詳、馬占云施錢五百文，泥水匠馬貴和施錢五百文，石匠許金城施錢四百文，金匠李彦田。

大清同治十一年歲次壬申小印月合社同立。

502-1. 重修奶奶廟并石橋碑記（碑陽）

立石年代：清同治十一年（1872 年）
原石尺寸：殘高 83 厘米，寬 53 厘米
石存地點：洛陽市洛寧縣馬店鎮窑院村

〔碑額〕：大清

重修奶奶廟并石橋碑記

景君春芳，徐君進義，余之忘年友也。一日，携酒西向……詳，友人曰：斯廟之建自王君象賢、徐君天成，始時在……寒暑者，又屢屢矣。歷年既多，廢者過半，予等人欲修復……謀此舉，一時好興樂施者，莫不響應。或出己囊，或募四……貌輝煌，石橋鞏固，予等居近斯地，竭力經營，固分内事……而神得所依，意至誠也。橋成而人不病涉，利甚溥……神人胥悦，何善□之，遂不揣固陋，搦管以誌，後之……

邑庠生員田時雨撰文，□上庠生賈之清書丹。

功德主：尚永順施錢九仟，尚顯宗施錢十仟，賈天玉施錢廿三仟一百文，張逢泰施錢十七仟七百四十文，職員景春芳施錢十四仟五百文，徐進義施錢廿三仟三百文，尚永興施錢五仟二百文，職員邱榮光施錢十四仟文，姚中魁施錢二仟一百二十八文。

化主：雷雨泰、王清林、監生雷萬清、喬國禎、胡天科、白鳳樓、胡天錫、楊天漢、樊雲山、井玉潤、賈升朝、郭逢金、路占鰲……

時同治十一年歲次壬申應鐘月穀旦。

502-2. 重修奶奶廟并石橋碑記（碑陰）

立石年代：清同治十一年（1872年）
原石尺寸：殘高83厘米，寬53厘米
石存地點：洛陽市洛寧縣馬店鎮窑院村

〔碑額〕：萬善同歸

陳門村錢四仟，庙村甲錢三仟，元吉樓錢三仟，杜武倉錢二仟一百文，陳永興錢二仟七百文，喬貴宗錢一仟九百，柴朝栋錢二仟，鄭天秩錢三仟，庙原甲、邱家凹各一仟五。王希昇錢一仟二，蘭春荣錢一仟一百廿五。雷才夢、□德隆、泰和昌、□發永、□堂號、元泰德、隆興沂、元昌號、郭全興、監生于青山、周法明、徐昌、王重林、尚顯功、武川甲、竹園溝、趙魁昇，以上各施錢一仟。尹村施錢三仟文，徐秉礼、李景白各錢八百，任廷太錢七百，雷雨祥、姚克己各六百，王吉隆、監生雷雨膏、雷王氏、白士碩、監生雷魁甲、夏奇峰、雷廣生、監生雷雨芳、胡法林、鄉耆宋□光、胡展夆、胡展明、胡元德、胡之禄、喬金聚、喬逢山、恒吉號、趙天叙、刘建文、刘明甲、趙同春、黄凹孫姓、鄭天眷。界村：監生朱仟秋、職員朱生春、朱保元、張文周。井家凹：永協號……趙習孔、鄉耆王清魁、楊生□、雷興廣、雷興遠、監生張南車、張永安、監生胡法雨、尚士忠、吕京林、韓進忠、夏東照、趙從□、刘德□、雷雨順、徐秉魁、李永安、凡登成、井逢源、姚忠信、尚振魁、雷興漢、徐荣法、王永吉、□□□、尚景元、尚官、尚成、尚綱、王成順，以上各施錢五百。王魁元錢五百廿五，田鳴馨錢五百。王大□、白廷璋、胡法安、胡文鐸、喬金甲，以上各錢四百。王法昌、王太章、王玉成、雷雨興、雷雨豐、王三保、刘學周、凡登祥、□□生、□□心、□□和、□桂貞、胡瑞云、胡天命、雷雨明、趙錫銘、王法周、王法成、王法商、陳天林、陳大太、邱中美、夏東離、趙文連、王□□、□□礼、賀長安、王元太、胡文秀、鄭文秀、胡法動、胡天學、胡建基、胡建官、雷自誠、雷永周、胡展清、□□□、王振邦、王辛丑、陳學周、井玉灵、吴春桂、宋世福、賈之林、魏□□、白云山、胡殿法、凡登科、□□□、許全仁、高培成、趙含順、閆兆瑞、玉成號、刘中和、閆珪璋、郭士俊、王自來、王復顯、李元魁、王吉周、監生張文彪、仇坤元、王相來、監生張炳南、王振林、監生張發祥、張廷宝、王登祥、天成金、恒吉永、天成和、德興号、和樂店、竹馨齋、長興祥、新興号、趙連科、楊天培、白鳴山、郭士魁、趙思義、徐從周、趙天一、喬金川、邱中清、井永昌、胡之法、職員邱中法、胡元……

503. 澆水糾紛碑記

立石年代：清同治十一年（1872年）
原石尺寸：高50厘米，寬97厘米
石存地點：焦作市博愛縣清化鎮馬營村

爲私挑新河衍斷□□□斷勒石記

竊西馬營村沙灘地頭爲我杜氏祖茔，有墓塚累累，□□□爲妥葬之地。突有後村陳學敬、陳學盛等，于大清同治十年私向祖塋之間挑挖新河，以便□等灌田，直將我祖塋□斷，致今暴骨在外。我杜氏子孫目擊心傷，經祠堂會首杜廷蕃、杜祥貴等禀控河内縣，蒙縣長歐陽潤生公親詣勘驗，斷：今□河既爲新河，碍斷杜氏祖塋，利己害人，殊屬不□。差陳學敬等將新挑大河一律填平，所有舊□澆地小河，徑面限一尺，深限二尺，河岸河底均鋪以石，僅許陳姓澆以東十餘畝之地，其他田地照舊由上秦河澆灌，不准再挖此河，使河水長流，妨碍杜氏茔。□□起争，後兩造改具結了案。我杜氏恐年遠日久，復出禍端，謹將歐陽公斷結始末勒石永垂，以杜後患云爾。

祠堂會會首：杜殿陞、杜廷蕃、杜祥貴等立石。

碑在西馬營村杜祠堂。

大清同治十一年十月初一日勒石。

重修九龍聖母廟並金粧神像布施碑記

今夫不有作者則不興，不有繼者則不永，凡事類然，而廟宇甚焉者也。村東舊有九龍聖母廟一座，其創自何年，始自何人，俱無碑可考。但每逢天旱之時，虔求雨澤，罔不靈應。奈同治元年捻匪迭[illegible]，廟遂因是以廢焉。村人目覩心惻，於是各捐己囊，募化衆善，鳩工庀材，不數日而工告竣。庶兆哉 神靈可以而一村士民永獲福庇於無暨矣。功成，囑余為文，予不揣固陋，因述其巔末而為之記。

邑後學孫廷槐撰文 廣智沐手書丹

首事 監生孫廷璧 六千文 農官馮書曲 捐四千文 孫大文 一千五百文 壽孫蔚文 二千文 民符清連 一千文 孫有智 郭成

監生孫自榮 捐錢七千文 孫燦文 四千文 監生孫廣學 二千五百文 孫宗文 二千五百文 孫廣進 六百文 孫海 孫王氏

人 壽官馮書選 五千文 監生魏[illegible] 三千五百文 孫紹文 三千文 監生秦鹿鳴 二千文 監生符清源 二千文 孫江[illegible]

魏統 三千文 [illegible] 孫洛文 孫天順 四百文 王思科 魏純 三百文 孫光三 孫自仁 孫有興 各施[illegible]

[illegible]

龍飛同治拾貳年歲次癸酉仲春月上浣穀旦 立

504. 重修九龍聖母廟并金妝神像布施碑記

立石年代：清同治十二年（1873 年）
原石尺寸：高 157 厘米，寬 69 厘米
石存地點：洛陽市伊川縣鳴皋鎮孫村太后廟

重修九龍聖母廟并金妝神像布施碑記

今夫不有作者則不興，不有繼者則不永，凡事類然，而廟宇其顯焉者也。村東舊有九龍聖母廟一座，其創自何年，始自何人，俱無碑可考。但每逢天旱之時，虔求雨澤，罔不靈應。奈同治元年，捻匪迭□，廟遂因是以廢焉。村人目睹心惻，於是各捐己囊，募化衆善，鳩工庀材，不數日而功告竣，庶几哉神靈可以□，而一村士民永獲福庇於無暨矣。功成，囑余爲文，予不揣固陋，因述其巔末，而爲之記。

邑後學孫廷槐沐手撰文，邑後學孫廣智沐手書丹。

首事人：監生孫廷璧捐錢六千文，監生孫自荣捐錢七千文，壽官馮書選捐錢五千文，農官馮書典捐錢四千文，孫燦文捐錢四千文，監生魏立捐錢三千五百文，孫大文一千五百文，監生孫廣學二千五百文，孫紹文三千文，壽民孫蔚文二千文，孫宗文二千五百文，生員秦鹿鳴二千文，壽民符清漣一千文，孫廣進六百文，監生符清源二千文。

魏統三千文，孫天□二千五百文，邢太來二千五百文。壽官孫瑚、孫天微、壽民孫景法、劉□、孫廣治，上各二千文。馮書紳一千七百文。符清和、壽民孫廷彥、孫□，上各一千五百文。劉芳一千二百文，孫有信一千二百文，孫有章一千三百文。壽民孫廣通、孫有林、張□星、□□□、壽民孫廣和、壽官趙永福、韓順、孫景照、孫廣厚，以上各一千文。魏經、孫荣文、魏金壘、刘焕成，上各一千文。符清革、孫廷建、魏士魁、職員孫廷寬、孫三甲、魏綱，上各八百文。符荣甲、壽民孫懷德各七百文。孫洛文、魏士奇、孫天德，上各七百文。孫天崇、孫邦棟、孫天書、孫洪文、刘大成，上各六百文。孫廣玉五百五十文。孫温、壽民刘順成、刘江，各五百文。孫天順四百五十文。孫景声、孫福成、孫廣福、孫景和、魏紀、韓超、孫有常，上各五百文。趙永昌、孫宗魁、孫全文、孫三聲，上各四百文。王恩科、孫天錫、孫景賢、孫三祝、符清山、趙金声、趙喜重、孫三元、刘福成、孫學堯，上各四百文。李景祥、孫天香各三百文。魏純三百文，孫有倫一千文，孫福元三百五十文，趙永禄三百三十文。孫三奇、任登選、孫廷爵、孫有年、趙永興、崔玺、孫天元、边心太，上各三百文。孫光三、符清海、趙永太、孫景隆、孫景春、張天枝、孫廣禄、孫同昇，上各三百文。孫廣聰、郭成、韓發順，上各二百文。孫光□三百文。孫自仁、魏樂、孫胡子、孫學聖、韓潤、魏紳、孫廷林、孫萬成、孫學成、劉藩、劉喜成、孫萬壽，上各二百文。孫有智、孫海、符須子、刘法、孫廣春、孫根上、孫六成、孫心寬、孫景順、黄荣貴，上各二百文。孫學思一百文。韓成、孫王氏、孫江娃，上各一百□。孫有興施柏□。

龍飛同治拾貳年歲次癸酉仲春月上浣谷旦立。

垂示千秋

505. 懷慶府正堂高大老爺斷案判語

立石年代：清同治十二年（1873年）
原石尺寸：高160厘米，寬60厘米
石存地點：焦作市沁陽市柏香鎮伏背村王氏祖祠

〔碑額〕：垂示千秋

懷慶府正堂高大老爺断案判語

訊得窑頭、覆背兩村争控灘地一案，自七年四月迄今，處和一次，勘訊兩次，尚未定案。該兩村均稱各有粮地多頃坍入河中，理應撥補，而俱不能指出實在憑據，經該縣断令各種一半，仍不甘心息結，以致本年有争割麥禾之事。查向來兩岸争控灘地之案往往断以河水爲界、各聽天命者，乃指兩岸均係毫無憑據之地而言。果有塌粮在内，則不能概作灘地，俾有藉口。倘無原坍確據，亦不能任聽携取，致釀争端。總須向兩村確查有無真實憑據，并兩村而外又有何項官私地畝存有坐落此處河灘確據，或竟係各村各里全無承種憑據之地，一一查訊得實，方可定断，并絶刁訟。現經本府吊查，兩村粮租各地契約并研詰有無證據。先據窑頭村呈出各户粮租地契八十九張，核與該縣乾隆二十八年前縣查造窑頭村灘地魚鱗細册内有業户名姓相符者一十六契，是窑頭村之向有租地粮地坐落此處河灘，自可憑信；又據覆背村呈出地契只七張，據稱因乾隆二十六年該村被盛漲冲刷，各户文契遺失，但有碑文爲憑，搨印呈驗，内載覆背村共坍入河中地七段，計地四百七十九畝七分三釐，實係多年舊碑，断非事後可以捏造，是覆背村之有粮租各地坐落此處河灘，亦屬有憑。覆又查各項入官灘地有無坐落此處者，據城内聖水觀住持呈出康熙四十五年碑文一張，内載坐落覆背東廟内灘地二頃十九畝，又坐落相距窑頭村五里之蓋村河灘内廟地一頃八十畝。據住持供稱每年河水漲落不定，所租種者不及一半，是聖水觀之坐落此處又屬有據。惟玉清住持所稟坐落此處灘地查詰至再，并無憑據。惟據兩廟住持僉供“從前灘地本係兩廟一同經理、分資養膳，聽憑核断”等語。當即提集窑頭、覆背兩村首事紳耆，并兩廟住持，及投遞公呈之在城紳士，詳加質訊，各無异説，均求酌断。本府覆查，是處沁河内新漲灘地前經該縣丈量共地十一頃，数十畝難以查明。覆背、窑頭兩村及聖水觀均有坐落此處河灘地畝憑據，但不能指出原坍四至畝数，勢難按段按畝竟作爲粮租各地撥補，只應准核兩村先以灘地纳租耕種。查核兩村所呈碑文印册，内載兩村地畝数目多寡相等。酌断覆背、窑頭兩村在於新灘十一頃之中各認種新灘地五頃，以新灘地南北正中爲界，南岸歸覆背村，北岸歸窑頭村。飭縣親往該處丈明灘地各五頃，在中間立一界址。即責令首事人陳興祁、陳正邦、王翰、王懋德等于十日内開具兩村認租花名畝数清單、出具認狀，投縣造册立案。其兩村現在認種之地仍每年照最輕租則解司充公，随後查明原坍四至確據，如實有與契約粮册針孔相對者，随時按畝除租，作爲坍粮撥補以昭核實。嗣後兩岸河水毋論淹没何岸灘地，總以中間界址爲定，均不得越中間之界。或南岸再有新漲歸南岸認種，北岸再有新漲歸北岸認種，各聽時運，不准再行争執。至玉清宫并無坐落是處河灘地畝，既據與聖水觀住持僉供當時灘地本由一廟經理，即以覆背、窑頭兩村每認種五頃外尚餘新漲灘地一頃数十畝，断給玉清宫作爲養膳，并飭縣勘明是處新漲地内除丈敷兩村十頃地外，在於東西兩面丈明餘地若干給付該廟領種，并查明窑頭村灘地東西兩面照数量出，仍照縣断十四畝九分地撥歸覃懷書院，交與經廳收管可也。

首事人貢生王懋德書丹。
鐵筆濟源縣黄承錦勒石。
大清同治十二年六月穀旦立石。

高大老爺斷案判語

背兩村爭控灘地一案自七年四月迄今處和一次勘訊兩次尚未定案該兩村均斷令各種一半仍不甘心息結以致本年有爭割麥禾之事查向來兩岸爭控灘地言果有塌粮在内則不能概作灘地俾有藉口倘無原坍確據亦不能任聽攜取致畝存有坐落此處河灘確據或竟係各里全無承種憑據之地一一查訊得寔據先據窑頭村呈出各户粮租地契八十九張桉與該縣乾隆二十八年前縣查造有租地粮地坐落此處河灘自可憑信又據霞背村呈出地契只七張據稱因乾隆載霞背村共坍入河中地七段計地四百七十九畝七分三釐實係多年舊碑斷非查各項入官灘地有無坐落此處者據城内聖水觀任持呈出康熙四十五年碑文之蓋村河灘内廟地一頃八十畝據任持僉供稱每年河水漲落不定所租種者不及查詰至再並無憑據惟據兩廟任持僉供從前灘地本係兩廟一同經理分資養贍呈之在城紳士詳加質訊各無異說均求酌斷本府覆查是處沁河内新漲灘地前落此處河灘地畝憑據但不能指出原坍四至畝數勢難按段按畝竟作為粮租新載兩村地畝數目多寡相等酌斷霞背窑頭兩村在於新灘十一頃之中各認種各親往該處丈明灘地各五頃在中間立一界址即責令首事人陳與郝陳正郅王翰立案其兩村現在認種之地仍每年照最輕租則解司充公隨後查明原坍四至確桉寔嗣後兩岸河水毋論淹没何岸灘地總以中間界址為定均不得越中間之界灘再行爭執至玉清宮並無坐落是處河灘地畝既據與聖水觀任持僉供當時灘頃數十畝斷給玉清宮作為養贍並飭縣勘明是處新漲地内除丈專兩村十頃地西兩面照數量出仍照縣斷十四畝九分地撥歸覃懷書院交與經廳收管可也

《懷慶府正堂高大老爺斷案判語》拓片局部

歐陽公祠
德政碑記
欽加五品銜賞戴藍翎孫晓明撰文
邑庠生員賞戴藍翎邵飛英書丹
大清同治十三年十一月初十日
合村公立

506. 歐陽公祠德政碑記

立石年代：清同治十三年（1874年）
原石尺寸：高133厘米，寬52厘米
石存地點：焦作市博愛縣博物館

〔碑額〕：歐陽公祠德政碑記

蓋聞地利莫先於經界，水利莫要於溝渠。故鄭當時之穿渭水，范仲淹之設海塘，李長史引雷波之澤而灌溉日多，趙尚寬修信臣之渠而荒萊皆沃。興利除害，犁然備陳。然而不得其人，則事不能舉。以國家納税輸租之地，浸夷爲泥淤沙塞之墟，豈浚導之無功，實經營之孰任。此歐陽賢侯所由軫念灾區，因勢利導，而大有造於吾民也。我萬北四圖下六甲後十里店等村，地勢卑窪，土性燥烈，旱則爲赤地，潦則爲横流，歲豐所入，尚不足維正之供。偶遇荒歉，飢寒誰恤？官催稞急，則遷徙逃亡，靡所定止，甚且割地與人不受值。而胥吏復因緣爲奸，是以土荒地曠，户口凋殘，居此者幾不知有生樂，蓋公私交困，非伊朝夕矣。我邑侯歐陽公下車以來，循行阡陌，問民疾苦，有不便者輒更之。星駕所及，見污萊盈野，觸目愴懷，輒召父老而悉其故。慨然曰：河内昔稱富庶區，豈此鄉地獨不毛，何荒廢若是，謂非守土之責耶。於是，丈明三十餘頃，收入沁陽書院。相厥地勢，因時制宜，開支河四道，俾高者以資灌溉，下者以便宣筏。後十里店開鑿東河三道，泉源起於村之西北，迄於村南注諸運。前十里店開鑿泉河一道，泉源起於太保庄之原，由村西至村南注諸運。磨頭村開鑿泉河一道，泉源起於二十里鋪之原，迄李家窪之村西，至於村南，入於老武河之下游，經磨頭村、朱庄、董庄，注諸運。長各百餘丈及数百丈不等，寬俱丈餘。五旬未匝，厥功告成。河成而旱魃波臣不復肆其虐。公乃召流亡，給牛種，使耕廢地，薄其差徭。時或有迂笑之者，公不顧。期年而民無失業，野無閑田，桑麻匝地，禾黍油油，居民室家相慶。父以告其子，兄以語其弟，謂公實活我。相率拜於堂下。而公且謙讓未遑也。夫美不自美，良有司盡心乃職也。擊壤歌功，食德思報，吾儕小人感激之誠也。於是建祠立石，既以表我公之經畫，亦以杜後日之紛争。後之耕斯土者，舉臿爲雲，决渠爲雨，以樂畎畝，以祝馨香，亦庶以頌公德於勿衰云。謹直書而記其事，并列條規於左。

計開條規八則：

一、所交官地，成熟者每年每畝出租錢三百文，收麥之後，均向禮房繳兑。

一、催租差役，每年每畝出飯錢二十文。

一、祠内設立義學一所，奉官面諭，每年由官酌請塾師，於稞租内撥給錢四十千文，以資修膳。

一、成熟地畝，由各首事、庄頭随時稽查，不得仍前荒廢。如有荒廢，責令賠納。

一、設立庄頭，輪流催辦，每年每畝出薪水錢三十文。

一、書辦筆費，奉官面諭，由官酌給，不許地户備出。

一、荒地由各庄頭招佃開墾，随時具禀。三年後，照成熟納租，不准隐瞞遺漏。

一、祠内每年定于十一月十九日，首事、庄頭議帶分資齊至祠内，掃室焚香，議叙公事。戲之有無，酌年之豐歉爲之。

欽加五品銜賞戴藍翎孫克明撰文，邑庠生員賞戴藍翎邵飛英書丹。

大清同治十三年十一月初十日合村公立。

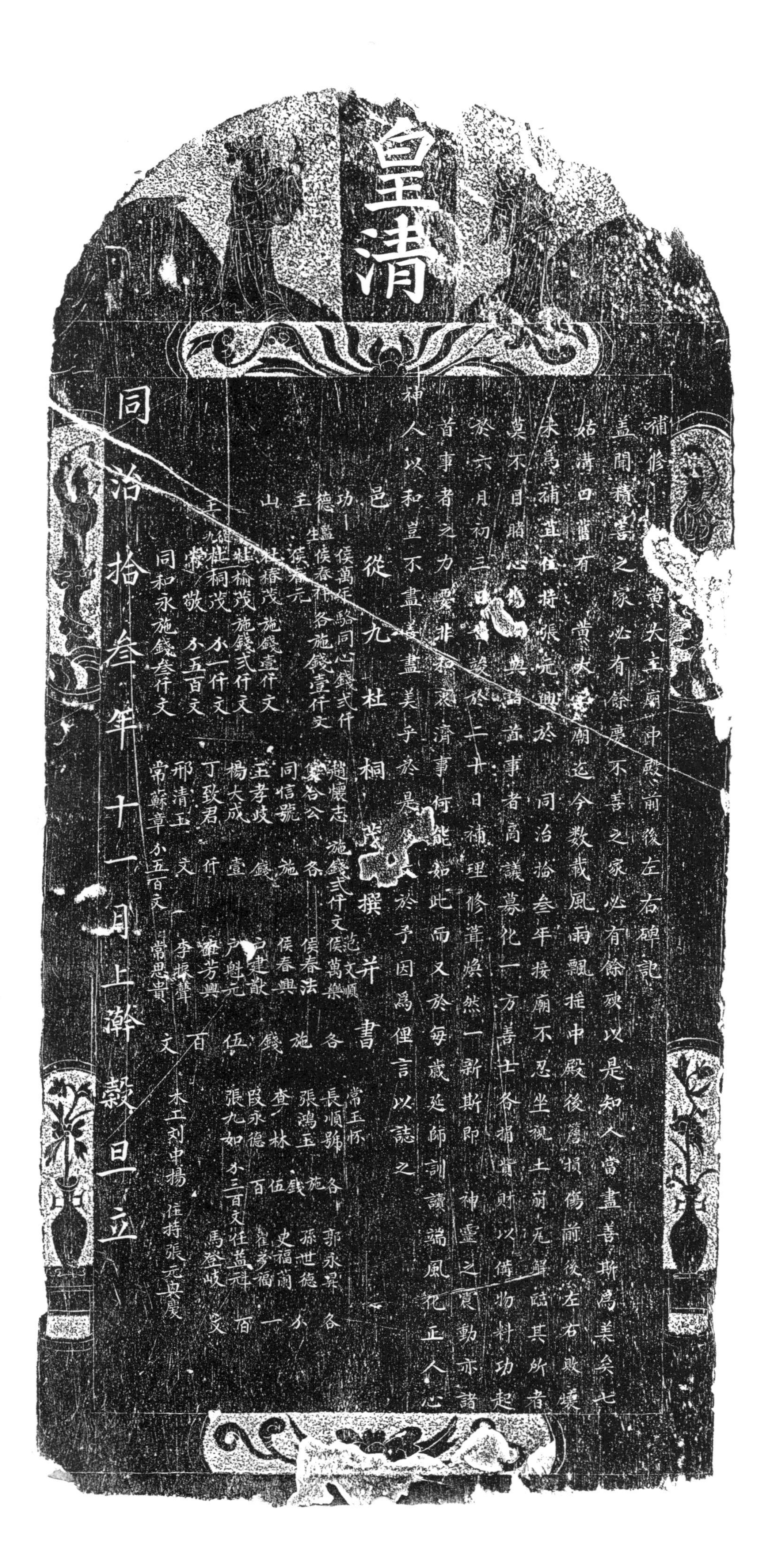
皇清

507. 補修黄大王廟中殿前後左右碑記

立石年代：清同治十三年（1874年）
原石尺寸：高115厘米，寬53厘米
石存地點：洛陽市欒川縣石廟鎮石廟村黄密寺

〔碑額〕：皇清

補修黄大王廟中殿前後左右碑記

蓋聞積善之家，必有餘慶；不善之家，必有餘殃。以是知人當盡善，斯爲美矣。七姑溝口舊有黄大王廟，迄今数載，風雨飄摇，中殿後檐損傷，前後左右敗壞，未爲補苴。住持張元興於同治拾叁年接廟，不忍坐視土崩瓦解，臨其所者，莫不目睹心傷。因與諸首事者商議，募化一方善士，各捐資財，以備物料。功起於六月初三日，告竣於二十日，補理修葺，焕然一新。斯即神靈之震動，亦諸首事者之力，要非和衷濟事，何能如此？而又於每歲延師訓讀，端風化，正人心，神人以和，豈不盡善盡美乎？於是属文於予，因爲俚言以誌之。

邑從九杜桐茂撰并書。

功德主：侯萬年、駱同心錢貳仟，監生侯春祥、侯春元各施錢壹仟文。

山主：杜椿茂施錢壹仟文，杜榆茂施錢貳仟文，從九杜桐茂錢一仟文，常敬錢五百文，同和永施錢叁仟文，趙懷志施錢貳仟文，雙合公、同信號、王孝岐、楊大成、丁致君、邢清玉各施錢壹仟文，常蘇章錢五百文，范文順、侯萬樂、侯春法、侯春興、户建猷、户魁元、查芳興、李振聲、常思貴各施錢伍百文，常玉怀、長順號、張鴻玉、查林、段永德各施錢伍百，張九如錢三百文，郭永昇、孫世德、史福蘭、崔萬福、任益魁、馬登岐各錢一百文。

木工：刘中揚。住持：張元興、張元慶。

同治拾叁年十一月上澣穀旦立。

蘇門留别
爪印重尋歲月深同袍舊侶半
銷沉只除不覺唐槐老當日孫
枝又緑陰
名山管領常難久十九年来十
九人水樹風廊多漸圮吏無暇
子况頹垓
共姜臺古辟東偏山木祠新傍
百泉畢竟民心重遺蹟仍来官
舍拜荒阡
淇水泉源左右分清波一樣緑
沄沄恍如尚作林慮長隔道青
山不隔雲
太行秀氣結蘇門不似黄華虎
豹蹲若向畫家論法派大癡原
異趙王孫
一從川上歎如斯後世咸知道
在兹天下名山僧占盡此間祗
合聖賢祠
五帝三王敢妄談才多識寡又
何堪括囊无咎惟長嘯嵇阮安
知易理參
天津橋上趁鵑聲荆棘銅駝兆
已萌尋得孔顔真樂處行窩何
必洛陽城
完顔忽相東丹後天賜賢良活
兆民能語角端非世瑞公来止
殺是麒麟
河汾志本同房杜江漢生原異
許姚道統自任人望屬兼山堂
超往箕瓢
湯擬馮君大小呼瓢座総愧范
萊蕪解嘲猶賴同宗秀不負青
衿有戲夫
高村秋色賞無緣孤負来時在
菊前不是今年逢夏閏再逢一
月即霜天
長洲彭鳳高[illegible]草

508. 蘇門留別碑

立石年代：清同治年間
原石尺寸：高 36 厘米，寬 139 厘米
石存地點：新鄉市輝縣市百泉風景區

蘇門留別

爪印重尋歲月深，同袍舊侶半銷沉。只除不覺唐槐老，當日孫枝又綠陰。
名山管領常難久，十九年來十九人。水榭風廊多漸圮，更無昭子況頑竣。
共姜臺古廨東偏，山木祠新傍百泉。畢竟民心重遺蜕，仍來官舍拜荒阡。
淇水泉源左右分，清波一樣綠沄沄。恍如尚作林慮長，隔道青山不隔雲。
太行秀氣結蘇門，不似黃華虎豹蹲。若向畫家論法派，大癡原异趙王孫。
一從川上嘆如斯，後世咸知道在兹。天下名山僧古盡，此間衹合聖賢祠。
五帝三王敢妄談，才多識寡又何堪。括囊無咎惟長嘯，嵇阮安知易理參。
天津橋上起鵑聲，荆棘銅駝兆已萌。尋得孔顔真樂處，行窩何必洛陽城。
完顔忽相東丹後，天賜賢良活兆民。能語角端非世瑞，公來止殺是麒麟。
河汾志本同房杜，江漢生原异許姚。道統自任人望属，兼山堂起挂箕瓢。
漫擬馮君大小呼，甑塵總愧范萊蕪。解嘲猶賴同宗秀，不負青衿有餓夫。
高村秋色賞無緣，孤負來時在菊前。不是今年逢夏閏，再遲一月即霜天。
長洲彭鳳高倚裝草。

萬善同歸

509. 創修義倉記

立石年代：清光緒元年（1875年）
原石尺寸：高217厘米，寬70厘米
石存地點：焦作市沁陽市博物館

〔碑額〕：萬善同歸

創修義倉記

古者耕九餘三，以制用也。制用者何？備天時也。曷爲備天時？水旱偏災，何時□有？苟非先時而爲之備，將飢餓□□，溝壑枕籍，有司者或蒿目束手而無如何。然則□荒之策誠不可不講也。河内負山帶河，幅員遼闊，生齒蕃庶，民食不敷。歲即豐猶仰給外境，設旱潦久災，區廣勢沮，□炭□□。如道光二十六□年，歲屢饑，及明季大荒，至於父子夫婦相食，載在邑乘，可爲殷鑒。余責在司□，良用惕然，下車未久，即延集紳耆，設局專捐經費爲諸備計。擇邑之巨富十家，剴切勸諭，共輸銀七千有奇。先簿交紳董，以次收集。明年擇地建倉，鳩工庀材，□□經始，未竟而徐□□堤决，人心□□。余拮據趨事，兼顧未遑。又明年，大中□錢公來撫豫，軫念民瘼，首議儲積，頒發條規，令計畝收穀。余以地畝等財不齊，請按糧均派，以昭公允，議可。乃定以糧銀一兩輸穀二斗，共得市斗穀合倉斗二萬四千六百四十六石四斗。時義倉亦工竣。邑舊有常平、廣濟二倉，年久廢圮，廒宇蕩盡。常平僻在北隅，惟廣濟地適中，衆屬耳目。廣濟者，乃前明袁公所置以儲廣濟渠租地所入者也。今所建倉即其遺址，計神祠三楹，廒十四座，共五十六間。以歲稔時□家給人足，利用厚生盈餘，十四字列號經營。既就，存貯綽然。余惟一邑之大户口數十萬，儲弗廣則惠弗遍，且邑之富民商□於農，捐畝而不及商，何以均苦樂。復白大府，更爲商捐。察商民之有力者三百餘户，捐銀三萬九千有奇。以吾民之急公慕義，遽能積此鉅款，誠一時難得之舉，難得而苟視之善制用者惜焉。余將以斯邑之財善斯邑之用，悉心籌度，得善舉之有志未逮者數端，而與積穀之義實相維繫：曰籌補城工也，曰書院膏火也，曰鄉會川資也，曰義倉經費也。積穀之義，□歲備賑濟、厄兵備守禦，苟米粟多而城郭不完，一旦有□，□□而食諸？郡城殘破，其余議重修久矣。至是撥五千金修城，并集資於外縣商富，而工遂□。四民以士爲首，培士氣所以端風化，風化端而人心正，天時備，弭灾之源於是乎？……雖增膏火、□奬賞、偏給鄉會膏秼，要皆捐俸所辦，慮難持久。因撥存鄉試款三千五百兩，會試款一千五百兩，沁陽書院二千兩，皆存質庫，權子母，而川資膏火之需以歸。夫□政之行，守重於創，苟不力持□□，則良法美意□有不漸即淪之者。爰擇城鄉誠篤紳士，佐倉經理，兼置倉書、户書各一名，司記□。并於門右市房設保庶義學，俾寒畯子弟就讀。亦撥二千金生息，而倉之歲修、塾之膏火，吏之口食，皆出焉。是數款者，惟城工已歸實用，其膏火等款原項具在，設遇大荒，緩□□□□既籌撥諸款，尚存銀一萬九千餘金。乃紳□□□□當生息爲久遠計，較之□□，既省修倉之費，又免紅朽之虞，且可藉其息以補經費之不足。余韙其言，就所議條規請於大府。是役也，先富捐，次畝捐，次商捐。始同治庚午，迄於甲戌，春秋五遇，在事□董，隨時勸諭，奔走勤勞，無間寒暑。中間疑謗交集，變故迭更，卒能矯手側足，不懈終始，以底於成。非衆志堅定、上下相孚不及此。亦非□府之痌瘝在抱，庶績是凝，更不及此。其一切收支出入，毫不假手胥役。余亦但示指揮、任稽察而已。而諸君實力經理，不避嫌怨，不苟絲毫，其勞勛誠不□没。即富户商民之慷慨樂輸以成此□舉，其好義亦足嘉。

至余殫心竭慮，舌敝唇焦，爲酒食以召僚友紳商，率皆解囊自備，數年之久，所費亦不貲。蓋謀始之難，古今一轍，苟捐上兩者益於下，固余所樂肩勞怨而聿觀厥成者耳。事甫竟，適值歲歉，鄉民乏食者咸來乞糴。遂請於大府，開倉出借，群情懽洽，始知備荒之用，其明效速驗有如此者。余念經營締造之，且有鑒於功效之相需，其間不能以……之□□於不敝也。爰序顛末，勒石以記，并書在事紳董及捐户姓名於碑陰，而以所捐銀穀并收支、存放諸款目，條分縷晰□□後，俾得并垂不朽云。

□加同知銜大計保薦卓异□任候補同知直隸州知河内縣事彭澤歐陽霖謹撰并書。

光緒元年歲在乙亥仲春月吉日。

《創修義倉記》拓片局部

流芳百世
創建拜殿東河石橋并脩四處路徑碑記
光緒元年四月穀旦 立

510. 創建拜殿東河石橋并修四處路徑碑記

立石年代：清光緒元年（1875 年）
原石尺寸：高 140 厘米，寬 60 厘米
石存地點：焦作市博愛縣月山鎮西凡廠村老君廟

〔碑額〕：流芳百世

創建拜殿東河石橋并修四處路徑碑記

從來人之舉事不難於因，而難於創。如我西礬廠村舊有老君神廟，感其德咸思報答，趨蹌拜跪之際，常憂其無地焉。且地近山谷，層巒疊嶂，道路崎嶇，舉步艱難，左右溝壑，動懷險阻，每至雨集，往來更覺不便。有心人莫不爲之憂思焉。然欲舉其事，常苦其無資，因我父邀同鄰里，奉勸親友，成立摇會一個。更擇村中之明公如趙姓永庫、法松等，同心壹志，以積資財，爲异日舉事之需。幸蒙神鑒會有終始，遂選良工，經營規模，樸斫梓材，不庶日而遂成壯觀。然桷刻而楹未丹，猶非盡善，爰命畫工以塗丹雘，輪奐於以備美焉，而猶未竟我父心思也。念我村四面屏障，山水環抱，徑仄莫能景行，溝深常爲却步，而我父黽勉同心，效愚公移山之勞，殿蹊徑於周道，窃神人鞭石之策，鞏河橋如泰山。雖曰匠氏力，抑亦我父等之謀也。今者工皆告竣，命余作記。共計資費貳百柒拾七千零四拾貳文，并施工人等亦叙於左，以垂不朽。

邑庠生张湘书丹命弟子李鳳苞撰文。

經理：趙永倉四工　趙永庫二工，李成儒十九工，趙法松四工，王萬才六工。

執事：李鳳高一工，李成業二工，趙永才五工，趙存心、王義合二工，趙法州、王有信三工，李鳳陽二工，王義金二工，趙法金。

施工：趙法祥二工，趙永法四工，李鳳生四工，趙法魁一工，李成貴三工，王義仁二工，李成富三工，李鳳儀二工，趙法太三工，王福敬二工，王義江五工，李鳳德二工，趙法虎一工，王義定一工，王義蘭四工，王明德三工，王位强一工，王有仁二工，趙法義七工，王起元四工，王福全二工，王義林二工，王有智二工，王有禮四工，王黑山二工，王有倉二工，王萬有二工，王貴二工，王位太三工，王位臣三工，趙法奇二工，趙法椿四工，趙法堂三工，趙王初一工，趙法成一工，趙法生一工。

石工南馬營杜金科刊。

光緒元年四月穀旦立。

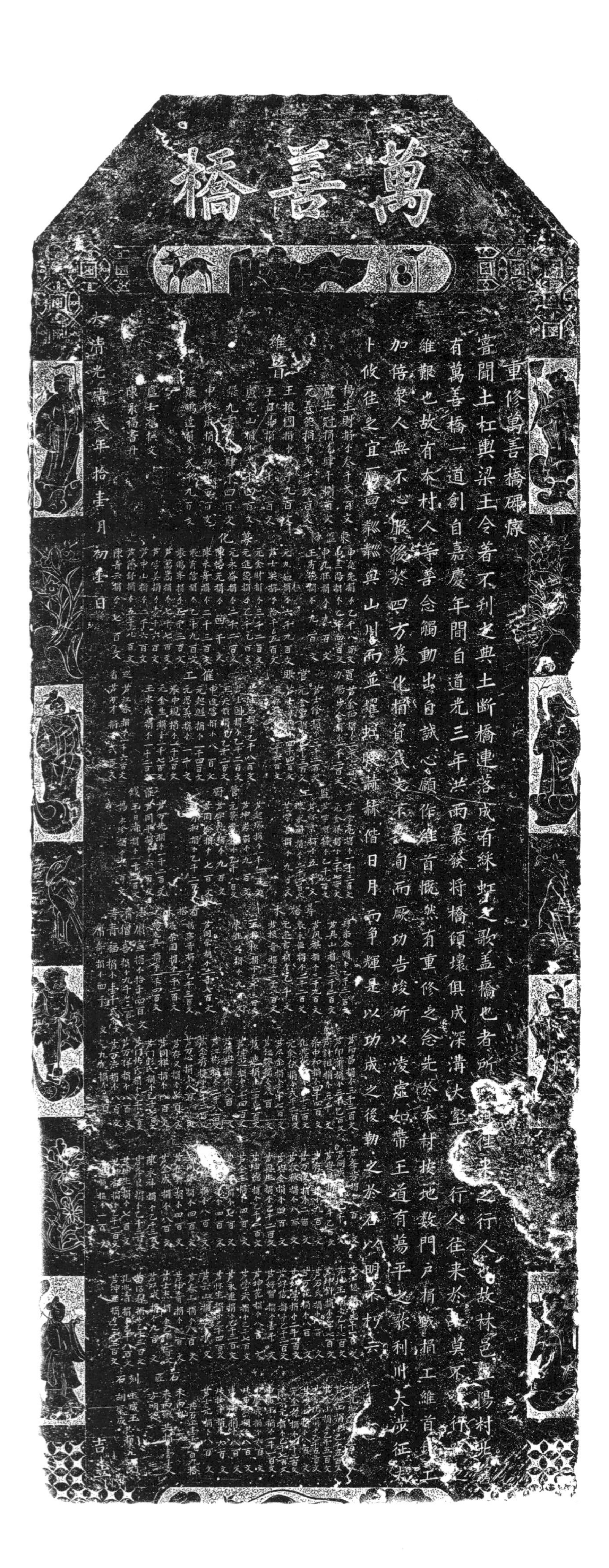
萬善橋
重修萬善橋碑序

511. 重修萬善橋碑序

立石年代：清光緒二年（1876年）
原石尺寸：高242厘米，寬89厘米
石存地點：安陽市林州市任村鎮盤陽村靈澤王廟

〔碑額〕：萬善橋

重修萬善橋碑序

嘗聞土杠輿梁，王令著不刊之典；土断橋連，落成有彩虹之歌。盖橋也者，所以通往來之行人也。故林邑盤陽村北舊有萬善橋一道，創自嘉慶年間。自道光三年，洪雨暴發，將橋傾壞，俱成深溝大壑，不□行人往來於此，莫不嘆行路之維艱也。故有本村人等善念觸動，出自誠心，願作維首，慨然有重修之念。先於本村按地数門户，捐錢捐工，維首錢工加倍，衆人無不心服。後於四方募化捐資錢文，不数旬而厥功告竣，所以凌虚如帶，王道有蕩平之歌；利川大涉，征夫卜攸往之宜。雁齒粼粼，與山川而并耀；虹腰赫赫，偕日月而争輝。是以功成之後，勒之於石，以明不朽云。

盧士鳴撰文，陳永福書丹。

維首：楊生財捐錢叁千貳百文，盧士冠捐錢肆千捌百文，元義德捐錢貳千玖百文，王振國捐錢貳千玖百文，王日昇捐錢貳千八百文，盧兆山捐錢貳千四百文，張九雲捐錢肆千四百文，申珍成捐錢玖千五百文，張鵬達捐錢貳千九百文。

東盤陽募化：申從先捐錢乙千八百文，申三陽捐錢乙千四百文，申九旺捐錢九百文，王秀德捐錢九百文，元九如捐錢六千九百文，芦士英捐錢拾千五百文，元金財捐錢三千二百文，元進德捐錢乙千乙百文，元永崙捐錢二千二百文，陳榜元捐錢四千文，陳永奇捐錢二千三百文，張有信捐錢乙千九百文，張鵬舉捐錢乙千三百文，芦萬嵩捐錢七千七百文，芦學美捐錢壹千六百文，芦中山捐錢二千六百文，芦蔭舒捐錢五千八百文，陳青云捐錢七百文。

買辦：芦金和捐錢二千六百文，楊步金捐錢一千二百文。

管賬：芦士修捐錢三千二百文，元金章捐錢二千三百文，芦士奇捐錢四千四百文，張怀德捐錢二千六百文。

催工：芦坤名捐錢乙千八百文，芦士国捐錢乙千二百文，王天順捐錢乙千二百文，申進富捐錢八百文，元起魁捐錢一千四百文，元思義捐錢一千文，張中現捐錢一千七百文，元金生捐錢一千七百文，王永成捐錢一千二百文。

巡香：芦江春捐錢一千六百文，芦万才捐錢貳百文。

監工：芦學亮捐錢一千三百文，元金祥捐錢三千七百文，芦學順捐錢乙千八百文，芦怀堂捐錢五千文，陳永福捐錢二千二百文，芦學善捐錢九百文。

管厨：芦起瑞捐錢一千二百文，芦坤岩捐錢九百文，元景貴捐錢乙千八百文，芦學乾捐錢九百文，芦同合捐錢七百文，□万和捐錢乙千二百文。

催錢：芦万先捐錢一千二百文，芦同平捐錢六百文，王日清捐錢一千二百文，楊永珍捐錢六百文。

尋搭木：楊宗會捐錢乙千三百文，芦興山捐錢二千二百文，芦风祺捐錢三千九百文，張永恒

捐錢二千二百文，元逢吉捐錢乙千文，芦根奇捐錢二千八百文，王振松捐錢乙千三百文，陳維义捐錢九百文。

看搭木：芦同荣捐錢二千七百文，楊宗奇捐錢乙千三百文，張荣国捐錢一千二百文，楊九興捐錢一千四百文。

法濟寺：庸宣捐錢拾千四百文，僧喜捐錢九千三百文，青福捐錢壹千貳百文，庸奇捐錢四千文。

芦印昌捐錢三千三百文，芦印蒲捐錢三千乙百文，芦計祖捐錢三千文，桑中和捐錢四千四百文，孔兆花捐錢□千三百文，元金台捐錢貳千二百文，芦尽金捐錢乙千七百文，芦起珠捐錢八百文，芦連捐錢二千七百文，芦坤芝捐錢乙千四百文，芦振興捐錢八百文，芦江彬捐錢二千八百文，芦金秀捐錢乙千二百文，芦万心捐錢八百文，芦存义捐錢七百文，芦同祥捐錢八百文，芦門彭氏捐錢乙千七百文，芦門張氏捐錢乙千二百文，芦萬祥捐錢八百文，芦萬法捐錢八百文，元九成捐錢三百文，芦學芳捐錢八百文，芦同成捐錢乙千文，芦興良捐錢乙千乙百文，芦秀□捐錢九百文，芦萬俊捐錢二百文，芦收秋捐錢八百文，芦興金捐錢四百文，芦興生捐錢乙千二百文，芦坤德捐錢乙千三百文，芦金玉捐錢四百文，芦金□捐錢七百文，芦□□捐錢四百文，□萬平捐錢八百文，王同保捐錢四百文，芦伏興捐錢四百文，芦金成捐錢八百文，陳永魁捐錢乙千三百文，芦學良捐錢乙千三百文，芦坤生捐錢七百文，芦坤香捐錢乙千一百文，元起順捐錢一百文。芦江稳捐錢三千一百文，芦坤玉捐錢乙千七百文，芦坤針捐錢乙千七百文，芦石氏捐錢八百文，芦萬花捐錢八百文，芦好學捐錢二千一百文，芦好信捐錢乙千三百文，芦好智捐錢壹千文，芦坤花捐錢八百文，芦學武捐錢乙千七百文，芦永連捐錢乙千三百文，芦怀生捐錢乙千四百文，芦云山捐錢乙千文，芦春山捐錢八百文，芦坤奇捐錢七百文，芦士杰捐錢乙千二百文，芦双成捐錢九百文，苗得春捐錢乙千三百文，孔兆清捐錢乙千八百文，芦坤□捐錢乙千二百文。芦孔昭捐錢八百文，芦恒山捐錢乙千五百文，芦金山捐錢乙千五百文，芦松山捐錢乙千五百文，芦岐山捐錢八百文，元金名捐錢乙千二百文，陳景元捐錢乙千七百文，申廣玉捐錢一千一百文，申廣成捐錢六百文，張萬恒捐錢八百文，張□法捐錢八百文，張栓子捐錢六百文，芦士元捐錢八百文。共石工壹千九百九拾。

石匠未丙魁、未丙銀、方明德共捐錢壹千文，刻石王成玉、胡聚成共捐錢五百文。

大清光緒貳年拾壹月初壹日吉立。

重修萬善橋碑序

嘗聞土杠輿梁王令著不刊之典土断橋連落成有緜

有萬善橋一道創自嘉慶年間自道光三年洪雨暴發

維艱也故有本村人等善念觸動出自誠心願作維首

加倍衆人無不心服後於四方募化捐資錢文不句

卜攸往之宜兩岸巍巍與山川而並耀蜿蜒赫赫偕日

維首

《重修萬善橋碑序》拓片局部

為嚴立禁約事本村雖居山曲西
通晉省大道行人絡繹不絕時有
窮人沿門乞討本村人情樸實原
不吝惜奈每遇發喪完婚兩事乞
丐鮮集特衆索討稍不足意輒行
滋鬧竟致大事有不能舉辦者值
此凶荒之年較之往年更加尤甚
今四村公議嗣後凡發喪完婚之
期不開乞丐飯食倘有恃强硬討
訛索滋鬧合社一同扭捉送
案稟究如有惧强私開者合社議
罰公立禁約刊石垂久

大安村
東湾村
柿樹園
荒頭村
合社全立

光緒四年歲次戊寅三月　穀旦　監

512. 嚴立禁約碑

立石年代：清光緒四年（1878 年）
原石尺寸：高 47 厘米，寬 43 厘米
石存地點：安陽市林州市合澗鎮小寨村大安栖霞觀

爲嚴立禁約事：本村雖居山曲，西通晋省大道，行人絡繹不絶，時有窮人沿門乞討。本村人情樸實，原不吝惜，奈每遇發喪完婚兩事，乞丐鳞集，恃衆索討，稍不足意，輒行滋闹。竟致大事有不能舉辦者。值此凶荒之年，較之往年更加尤甚。今四村公議：嗣後，凡發喪完婚之期，不開乞丐飯食。倘有恃强硬討，訛索滋鬧，合社一同扭捉，送案稟究。如有惧强私開者，合社議罰。公立禁約，刊石垂久。

大安村、東湾村、柿樹园、荒頭村合社同立。

光緒四年歲次戊寅三月穀旦竪。

因旱垂戒

自古非常之災必勒瑣珉以記之者豈徒述顛連叙困苦誌一時凶荒之景況哉蓋欲後之人睹斯石而儆心動魄毋習安逸毋尚奢侈毋亡羊而補牢毋臨渴而掘井孟子言節財之道曰食之以時用之以禮戴禮言儲糧之方曰耕三餘一耕九餘三遵斯道也時總有凶荒之遇人亦無凍餒之慮人既無凍餒之慮又何至溝壑轉四方散致一家有流離之苦死亡之悲哉然則饑饉之阨雖曰天災抑亦人事也我

朝自定鼎以後賢聖之君代作蒙成平者二十餘省享安樂者二百餘歲成平久則民忘憂患安樂甚則漸流侈靡雖嘉慶十八年道光二十七年天亦屢降凶旱以示儆覺奈人不加察奢蕩愈甚致使上干天怒自光緒二年以至四年旱魃為虐野無青草杼軸告空室如懸磬即間有殷實之家可保無虞而盜賊蜂起搶奪横生無虞者亦有虞矣不得已余等聯為保甲朝朝尋察夜夜擊柝守望相助亂靡遄沮焉然而六陳轉運千里數百錢僅給一餐榆皮剝盡只免一時之飢蒺藜掃空那計後日之病麥稭豈可食竟炒焦以為餅谷茎詎堪嘗咸磨麵以作粥拾雁糞者三五成群撈魚草者數十作伴騾馬牛驢不過十留一二鷄豚狗彘幾乎絶其種類父鬻其子哭啼之聲震天地夫賣其妻離別之情泣鬼神有守學士甘受斃本鄉本土無知婦人盡改嫁外省外縣嬰兒棄路傍知為誰氏之子老弱轉溝壑豈盡無產之人顧我蒸民个个形容憔悴行彼周道處處尸骸暴露夫飢餓甚則氣血虧氣血虧則疾病生至三月十二日天降膏雨早秋可種咸以為人有生機矣而不意更有甚焉者稃腹未飽瘟疫旋生有朝發而夕死者有昨染而今亡者計人丁則十傷七八察戶口則十留二三烟火之氣望斷千里鷄犬之聲不聞四境嗚呼天降喪亂何至此極哉而要皆人無遠慮有以階之厲也後世賢者尚其法大學生衆食寡為疾用舒量入以為出制節以謹度庶幾災害可消於未萌禍患可泯於無形也夫事不經閱歷之後則言之也不諄境非親嘗之苦則語之也不切余之絮絮余之親嘗也後之人無以余言為贅而怵目儆心焉則余所厚望也矣至糧價之低昂載在碑陰

大清光緒五年正月吉日

513-1. 因旱垂戒碑（碑陽）

立石年代：清光緒五年（1879 年）
原石尺寸：高 170 厘米，寬 67 厘米
石存地點：洛陽市偃師區偃師博物館

〔碑額〕：因旱垂戒

自古非常之灾，必勒貞珉以記之者，豈徒述顛連叙困苦、誌一時凶荒之景况哉，蓋欲後之人睹斯石而儆心動魄，毋習安逸，毋尚奢侈，毋亡羊而補牢，毋臨渴而掘井。孟子言節財之道曰："食之以時，用之以禮。"《戴禮》言儲糧之方曰："耕三餘一，耕九餘三。" 遵斯道也，時總有凶荒之遇，人亦無凍餒之慮。人既無凍餒之慮，又何至溝壑轉、四方散，致一家有流離之苦、死亡之悲哉！然則饑饉之阨，雖曰天灾，抑亦人事也。我朝自定鼎以後，賢聖之君代作，蒙成平者二十餘省，享安樂者二百餘歲。成平久，則民忘憂患；安樂甚，則漸流侈靡。雖嘉慶十八年、道光二十七年天亦屢降凶旱，以示儆覺，奈人不加察，奢蕩愈甚，致使上干天怒。自光緒二年以至四年，旱魃爲虐，野無青草，杼軸告空，室如懸磬。即間有殷實之家可保無虞，而盗賊蜂起，搶奪横生，無虞者亦有虞矣。不得已，余等聯爲保甲，朝朝尋察，夜夜擊柝，守望相助，亂庶遄沮焉。然而六陳轉運千里，数百錢僅給一餐。榆皮剥盡，只免一時之飢；蒺藜掃空，那計後日之病。麥稭豈可食，竟炒焦以爲餅；谷莖詎堪嘗，咸磨麵以作粥。拾雁糞者三五成群，捞魚草者数十作伴。騾馬牛驢不過十留一二，鷄豚狗彘幾乎絶其種類。父鬻其子，哭啼之聲震天地；夫賣其妻，離别之情泣鬼神。有守學士甘受餧，本鄉本土無知婦。人盡改嫁外省外縣，嬰兒弃路傍，知爲誰氏之子。老弱轉溝壑，豈盡無産之人；顧我蒸民，个个形容憔悴。行彼周道，處處尸骸暴露。夫飢餓甚，則氣血虧；氣血虧，則疾病生。至三月十二日，天降膏雨，早秋可種，咸以爲人有生機矣。而不意更有甚焉者，枵腹未飽，瘟疫旋生，有朝發而夕死者，有昨染而今亡者，計人丁則十傷七八，察户口則十留二三。烟火之氣望断千里，鷄犬之聲不聞四境。嗚呼！天降喪亂，何至此極哉！而要皆人無遠慮，有以階之厲也。後世賢者尚其法大學，生衆食寡，爲疾用舒，量入以爲出，制節以謹度。庶幾灾害可消於未萌，禍患可泯於無形也。夫事不經閲歷之後，則言之也不諄；境非親嘗之苦，則語之也不切。余之絮絮，余之親嘗也。後之人無以余言爲贅而怵目儆心焉，則余所厚望也矣。至糧價之低昂，載在碑陰。

大清光緒五年正月吉日。

觸目驚心

麥每斤價錢[illegible]文
米每斤價錢一[illegible]文
黑豆每斤價錢八十文
黃豆每斤價錢八十文
黍秫每斤價錢八十文
酒每斤價錢二百八十文
油每斤價錢二百四十文
粉條每斤價錢二百四十文
豆腐每斤價錢五十文
秋谷糠每斤價錢十二文
蘿蔔葉每斤價錢三十文
蔓菁葉每斤價錢五十文
魚草每斤價錢十文
白菜每斤價錢二十二文
蘿蔔每斤價錢十六文
榆皮麵每斤價錢三十二文
蒺藜每斤價錢二十文
坡地每畝價錢二百文
灘地每畝價錢三千文
井地每畝價錢十千文
房屋每間價錢三百文
磚每個價錢八分錢
瓦每個價錢三分錢

執事人

任思明　王玉崑　黃法乾　石金臺　王三順　高繼先　黃鶴卿　高步衢　周雲錦　蕭克讓

一圖　張金鑰　劉四元　劉來喜　劉東智　劉改名　李章保　張唐　二圖　高步桂　高瑞和　高瑞景　楊魁元　黃五福　郭冠銘　高瑞林　鄭振昇

張根　房玉成　任學[illegible]　任和鳴　任三明　任留存　王晚　楊大拴　黃廷定　楊雙印　高東林　高恒昌　楊趣意　楊喜元　楊常倫

何明月　侯月　景天元　蕭振鐸　王來成　姬遂發　趙熙彥　趙景陽　張智信　李大戰　楊務　高天育

三圖　張清順　張德純　張天一　張凌雲　趙成仁　聶遂平　周圈　五圖　侯四景　王作賓　王六合　楊清廉　楊清憲　侯聚魁　張五科　李春海

郝月　司馬閣　司馬慶　張廉　李德先　李來　趙登來　司馬方　趙俊興　黃泰山　黃秀　石合舉　楊木旺

[illegible]春　蕭大星　趙黑子　楊富貴　高新元　王合星　王遂成　趙昱林　張象林　申喜　王學彥　鄭文煥　侯魁　趙對　魏新　李水道

增廣生高蓮塘撰文
增廣生高步雲書丹
馬村車爵鐫石

513-2. 因旱垂戒碑（碑陰）

立石年代：清光緒五年（1879 年）
原石尺寸：高 170 厘米，寬 67 厘米
石存地點：洛陽市偃師區偃師博物館

〔碑額〕：觸目驚心

麥每斤價錢一百文，米每斤價錢一百文，黑豆每斤價錢八十文，黄豆每斤價錢八十文，黍秫每斤價錢八十文，酒每斤價錢二百八十文，油每斤價錢二百四十文，粉條每斤價錢二百四十文，豆腐每斤價錢五十文，秕谷糠每斤價錢十二文，蘿蔔葉每斤價錢三十文，蔓菁葉每斤價錢五十文，魚草每斤價錢十文，白菜每斤價錢二十二文，蘿蔔每斤價錢十六文，榆皮麵每斤價錢三十一文，蒺藜每斤價錢二十文，坡地每畝價錢二百文，灘地每畝價錢三千文，井地每畝價錢十千文，房屋每間價錢三百文，磚每個價錢八分錢，瓦每個價錢三分錢。

增廣生高蓮塘撰文，增廣生高步雲書丹。

執事人：監生任思明、壽官王玉崑、監生黄法乾、州石堂石金臺、壽官王三順、奎文閣高繼先、從九黄鶴卿、從九高步衢、壽民周雲錦、監生蕭克讓。

一圖：張金錀、劉四无、劉來喜、劉秉智、劉改名、李章保、張磨。二圖：生員高步桂、高瑞和、高瑞景、楊魁元、典籍黄五福、典籍郭冠銘、典籍高瑞林、壽民鄧振昇、張根、房玉成、監生任學廣、典籍任和鳴、伴官任三明、任留存、王晚、楊大栓、黄廷定、監生楊雙印、高東林、高恒昌、楊趁意、典籍楊喜元、生員楊常倫、何明月、侯月、景天元、武生蕭振鐸、王來成、姬遂發、壽官趙熙彦、趙景陽、張智信、李大戰、楊夯、壽民高天育。三圖：從九張清順、監生張德純、張天一、生員張凌雲、趙成仁、王遂平、周圈。五圖：監生侯四景、王作賓、王六合、監生楊清廉、監生楊清憲、侯聚魁、張五科、監生李春海、郝月、司馬鬧、司馬磨、張廉、李德先、李來、壽民趙登來、司馬方、趙俊興、黄泰山、黄秀、石合舉、楊木旺、□□春……王□林、蕭大旦、趙黑子、楊富貴、高新元、王合星、王遂成、趙景林、張象林、申喜、王學彦、鄭文焕、侯魁、趙對、魏新、李水道。

馬村車榮爵鐫石。

從來親歷其變而傷世相憂者身之所不及待言能傳之言之所不及傳筆能載之後生者所以有前車之可鑒也茲因同治六年冦自西來路經河朔均未之爲故被兵災者或流離失所或户口消耗沁南沁北比比皆然及十年秋水大發陸地行舟院宇傾圮禾稼飄流此又一災也嗣後數年飢饉相仍人曰天災流行歲時之常孰知將遭大變此先未其兆也及光緒元二年雨澤已屬不足至於三年望雨成風望雲出日夏苗秋苗槁已皆亦然火三點而點微雨不能灑塵赤地千里玉石俱焚間有以人力灌溉而稍穫者價增十倍破産難糴幾須連日心荒鬻妻不充一饑始也磑荄草菌刨蒲草根取柴草以餬口繼也刀鳥榆皮針穿木葉資樹木以養生遍至百物淨盡空嗟無補因而壯者求食遠方强者打截道路恐死終未見其生殘者剮人為粮忍者煮子為飯冀生而仍歸於死自冬至春家則死屍滿屋野則餓莩成堆旱魃為虐莫此為甚況乃瘟疫復加又傷大半共疑天災無涯尚不知伊於胡底也幸四年季秋之月霖雨普降年歲始定回憶死者之數大庄曰盈千小庄曰盈百竊以為昧於耕三餘一之道故凶年不免於死亡也不禁傷心慘目勒諸貞珉庶望來世之人慎乃儉德無忘遠慮深諒 余一片婆心而弗疑為具文也則幸甚矣

謹將諸糧每斗大錢開列於後

大米壹千捌百文　菉豆壹千陸百文
小麥壹千玖百文　黑豆壹千肆百文
小米壹千捌百伍拾文　白豆壹千伍百文
大麥壹千弍百文　細糠叁百文
玉茭草壹千陸百五拾文　粗糠壹百捌拾文
紅茭草壹千肆百文　蔴餅每斤壹百文

李興昇撰
李鶴齡書
王玉林鐫

大清光緒五年三月穀旦　合庄仝誌

514. 大灾勸誡碑

立石年代：清光緒五年（1879 年）
原石尺寸：高 55 厘米，寬 75.5 厘米
石存地點：焦作市沁陽市博物館

從來親歷其變而隔世相憂者，身之所不及待，言能傳之；言之所不及傳，筆能載之。後生者所以有前車之可鑒也。玆因同治六年，寇自西來，路經河朔，均未之備，故被兵灾者，或流離失所，或户口消耗，沁南沁北，比比皆然。及十年秋，水大發，陸地行舟，院宇傾圮，禾稼飄流，此又一灾也。嗣後數年，飢饉相仍，人曰“天灾流行，歲時之常”，孰知將遭大變，此先未其兆也。及光緒元、二年，雨澤已屬不足。至於三年，望雨成風，望雲出日，夏苗秋苗槁已皆可然火，三點兩點微雨不能灑塵，赤地千里，玉石俱焚。間有以人力灌溉而稍穫者，價增十倍，破産難糴。幾須連日心荒，鬻妻不充一饑。始也，磓[注]茭草菌、刨蒲草根，取柴草以餬口；繼也，刀剮榆皮、針穿木葉，資樹木以養生。迨至百物净盡，空嗟無補。因而壯者求食遠方，强者打截道路，恐死終未見其生；殘者剥人爲粮，忍者煮子爲飯，冀生而仍歸於死。自冬至春，家則死屍满屋，野則餓莩成堆。旱魃爲虐，莫此爲甚。況乃瘟疫復加，又傷大半。共疑天灾無涯，尚不知伊於胡底也。幸四年季秋之月，霖雨普降，年歲始定。回憶死者之數，大庄曰盈千，小庄曰盈百。窃以爲昧於耕三餘一之道，故凶年不免於死亡也。不禁傷心慘目，勒諸貞珉，庶望來世之人慎乃儉德，無忘遠慮，深諒余一片婆心而弗疑爲具文也，則幸甚矣。

謹將諸糧每斗大錢開列於後：

大米壹千捌百文，小麥壹千玖百文，小米壹千捌百伍拾文，大麥壹千貳百文，玉茭草壹千陸百五拾文，紅茭草壹千肆百文，菉豆壹千陸百文，黑豆壹千肆百文，白豆壹千伍百文，細糠叁百文，粗糠壹百捌拾文，蔴餅每斤壹百文。

李興昇撰。

李鶴齡書。

王玉林鎸。

大清光緒五年三月穀旦，合庄同誌。

〔注〕：“磓”字不見于字書，姑存原書體。

天災碑文

聞之天災流行國家代有斯言良不誣矣咸豐□年八月雨過蝻蝗
飛蔽日光落障地面出雖至多而秋禾已熟未□大受其傷秋後麥
耕□回皆吃不留□月多死麥始耕種在地來年二月舊子復生蝻
北鄉莊徧綱密若如水流一般各村挑溝土埋撲打火燒無可除滅
吃盡春苗後斷麥種然麥子方熟亦未大折收成麥後地耩數次苗
亦不留□始□蝻蜡四散始飛種秋後猶慶大有同治六年大旱
人冬水維□長貴七百有零六月廿八立秋十八下雨十九耩地後□
雨水勤施□□疾長秋天久濕豐年僅芝麻豆子收成甚劣光緒三
早旱更大甚□月廿五雨下□日三夜春雨已足豐年疑可止矣乃
禾苗一尺又為蝻蜡所乾立秋下雨三指始將地耩荀自此雨水不
折亦可□有秋成不意矣□不雨五月既極薄收秋禾皆不見子吃
水無方各糧昂貴斗米一千四斗麥一千文玉麥□子九百有餘七
八歲後女祇賣一百千百十八九娃婦不過一千兩千家具田產並
無鬻主□皆起吃面共揉吃柿葉竊殺鄰家雞狗貓羊十月以後多
有掀房□□來年三三月柴草亦無人□□食無路或剝吃死人或
被吃活人或白日打劫或黑夜暗搶搶□□□誰敢日間獨行夜間
安寐也哉大旱之後繼以大瘟人無病無死者十不得一本村戶
名五十一二死絕了廿七家人口三百有餘不死者猶有百數由此
而推異鄉同轍絕賣地土妻女不過光緒九年官許賣主抽贖若無
不抽仍買主得再增價究其大畧以後人

再遇此凶年　光緒三年間　□為搶奪人　若逢此凶歲
絕宜早逃荒　時景太凶惡　各社皆除盡　林忿妻子情
若不舍故土　国家屢放糧　非私行刻薄　早將人口賣
命不得久常　民人多难活　官早有示命　庶不命歸陰
從前逃荒輩　後人知積儲　守分且安貧　留此數僉語
後皆同故鄉　庶免凶年殺　餓死亦得正　提醒後世人

大清光緒五年孟夏之月 吉旦

515. 天灾碑文

立石年代：清光緒五年（1879 年）
原石尺寸：高 67 厘米，寬 64 厘米
石存地點：安陽市林州市桂林鎮流山溝村關帝廟

天灾碑文

聞之天灾流行，國家代有，斯言良不誣矣。咸豐六年八月而過，虮蜡〔注〕飛蔽，日光落障，地面虫雖至多，而秋禾已熟，未得大受其傷。秋後麦耩三回，皆吃不留，十月多死，麦始耕種在地。來年三月舊子復生，漸漸興旺，遍稠密走，走如水流一般。各村挑溝土埋，撲打火燒，無可除滅，吃盡春苗，咬断麦穗，然麦子方熟，亦未大折收成。麦後地耩数次，苗吃不留幾殆尽。虮蜡四散，始敢耕種，秋後犹慶大有。同治六年大旱，食水維艱，米貴七百有零。六月廿八立秋，十八下雨，十九耩地，後此雨水勤施，苗皆疾長，秋天又歌豐年，惟芝蔴、豆子收成甚小。光緒三年旱更太甚，三月廿五，雨下三日三夜，春雨已足，豐年疑可卜矣。乃春苗一尺，又爲虮蜡所吃。立秋下雨三指，始將地耩，苟自此雨水不却，亦可望有秋成。不意天終不雨，五月既極薄收，秋禾皆不見子，吃水無方，谷糧昂貴，斗米一千四，斗麦一千文，玉麦、豆子九百有餘。七八歲俊女祇賣一百、二百，十八九佳婦不过一千、兩千，家具、田産并無受主。人皆起吃白土，采吃柿葉，窃殺鄰家鶏狗貓羊。十月以後，多有掀房勿食。來年二三月，柴草亦無人買，易食無路，或剥吃死人，或殺吃活人，或白日打劫，或黑夜暗搶，騷擾如此，誰敢日間獨行、夜間安寐也哉！大旱之後，繼以大瘟，人無病、家無死者，千不得一。本村户名五十一二，死絶了廿七家，人口三百有餘，不死者祇有百数。由此而推，异鄉同轍，絶賣地土，妻女不过。光緒九年，官許賣主抽贖，若無錢抽□，買主得再增價。記其大略，以示後人。

再遇此凶年，絶宜早逃荒。若不舍故土，命不得久常。從前逃荒輩，後皆回故鄉。
光緒三年間，時景太凶惡。国家屢放糧，民人多难活。後人知積蓄，庶免凶年殺。
凡威搶奪人，各社皆除尽。非私行刻薄，官早有示命。守分且安貧，餓死亦得正。
若逢此凶歲，休念妻子情。早將人口賣，庶不命歸陰。留此數俗語，提醒後世人。
大清光緒五年孟夏之月吉旦。

〔注〕：“虮蜡”，疑即“螞蚱”。“虮”字不见于字書，姑存字形。

永垂不朽

嘗思天災流行，何國蔑有，饑饉之禍，昔人所悲。此雲漢之詩所以嘆[illegible]餘黎民靡有孑遺也。溯自光緒元年春雨調和，二麥大熟，每斗價錢壹伯六十文。麥後小旱，然秋禾亦有六七分收，餘糧愈賤。二年春季雨貴，麥僅四五分收，麥後大旱七旬，至後五月始雨，惟玉麥有七八分收，餘皆三四分耳。至冬米麥大貴，每斗五伯餘文，餘糧亦漸增價。又因秋旱，蝗蟲徧野，麥景止安二三分，冬又無雪。至三年三月間始雨，故麥僅三四分收焉。自此以後，終年無雨，秋麥未種，蝗蟲復出，山陝河南三省同旱，米麥愈貴，每斗七八伯文。十月以後，父子離散，夫婦逃亡，壯夫遠逐於異國，少婦自嫁於他鄉，十室之邑，日死數人，屍骸徧野，雞犬無遺，屠人而食，析骨而炊，始猶割死人而食之，後更殺生者而哺之，父子相殺，兄弟互食，亦不為異。所食之粟，皆自山東、廣東運來，每斗八九伯文，豆萁糠秕，幾缺於市，樹皮草根，亦盡於野，惟柴肉皆賤，肉每斤二十餘文，柴每斤亦止四五分。全數月之中，人死四分焉。至四年二月始雨，糧價益增，米麥每斗壹千五伯文，即秫黍蕎麥每斗亦皆八九伯文。三月以後，雨雖不缺，瘟疫大行，六分之中又死三分矣。即魏家溝村視他猶勝，然百有餘戶僅留其半，七伯餘口亦止存三百餘人焉。七月之後，五穀豐登，糧價頓減，每斗壹伯餘文，惟麥種尚貴，每斗叁伯餘文。秋後麥已普種，至五年而麥價亦減焉。嗚乎！天降喪亂，饑饉薦臻，後之視今，猶今之視昔，可不懼哉！

總理 李潤德 [illegible] 李潤[illegible]捐錢二千文 馬過平捐錢一千文 張克明捐錢三百文 李志榮捐錢三百文 張太保捐錢二百文 牛春捐錢二百文 趙百岩捐錢二百文

趙百璨 [illegible] 趙百璨捐錢壹千文 李熿捐錢五百文 趙春捐錢二百文 馮喜山捐錢二百文 張華捐錢二百文 閆志泰捐錢二百文 李士望捐錢二百文

宋元 張進修捐錢一千文 李焜捐錢五百文 李花捐錢三百文 袁興捐錢二百文 趙長保捐錢二百文 閆[illegible]捐錢二百文 宋新成捐錢二百文

首事 宋偉欽 李熿捐錢一千文 董鴻富捐錢四百文 袁榮捐錢三百文 李志林捐錢二百文 李門[illegible]氏捐錢二百文 趙山捐錢二百文 馬過榮捐錢二百文

張進修 馬過平 宋元捐錢一千文 崔[illegible]捐錢三百文 趙法銀捐錢三百文 宋福坊捐錢二百文 趙百從捐錢二百文 李士臣捐錢二百文 李學捐錢二百文

李熿 宋偉欽捐錢一千文 宋[illegible]捐錢三百文 張太和捐錢三百文 [illegible]生[illegible]捐錢二百文 [illegible]百熙捐錢二百文 張榮捐錢二百文 李馮保捐錢二百文

石匠 郭[illegible]柱 李聚[illegible]

大清光緒五年歲次己卯七月廿五日 立

516. 魏家溝旱荒碑記

立石年代：清光緒五年（1879 年）
原石尺寸：高 171 厘米，寬 48 厘米
石存地點：新鄉市輝縣市南村鎮魏家溝村觀音廟

〔碑額〕：永垂不朽

嘗思天灾流行，何國蔑有饑饉之禍。昔人所悲，此《雲漢》之詩所以嘆周餘黎民，靡有孑遺也。溯自光緒元年，春雨調和，二麥大熟，每斗價錢壹佰六十文。麥後小旱，然秋禾亦有六七分收，餘糧愈賤。二年□季雨貴，麥僅四五分收。麥後大旱，七旬至後五月始雨，惟玉麥有七八分收，餘皆三四分耳。至冬米麥大貴，每斗五佰餘文，餘糧亦漸增價。只因秋旱，蝗蟲遍野，麥景止安二三分。冬又無雪，至三年三月間始雨，故麥僅三四分收焉。自此以後，終年無雨，秋麥未種，蝗蟲復出，山陝河南三省同旱，米麥愈貴，每斗七八佰文。十月以後，父子離散，夫婦逃亡，壯夫遠適於异國，少婦自嫁於他鄉。十室之邑，日死數人，屍骸遍野，鷄犬無遺。屠人而食，析骨而炊，始猶割死人而烹之，後更殺生者而哺之。父子相殺，兄弟互食，亦不爲异。所食之粟，皆自山東、廣東運來，每斗八九佰文。豆箕糠粃幾缺於市，樹皮草根亦盡於野。惟柴肉皆賤，肉每斤二十餘文，柴每斤亦止四五分金。數月之中，人死四分焉。至四年三月始雨，糧價益增，米麥每斗壹千五佰文，即秫黍、蕎麥每斗亦皆八九佰文。三月以後，雨雖不缺，瘟疫大行，六分之中，又死三分矣。即魏家溝社視他猶勝，然百有餘户，僅留其半，七佰餘口，亦止存三百餘人焉。七月之後，五穀豐登，糧價頓減，每斗壹佰餘文。惟麥種尚貴，每斗八百餘文。秋後麥已普種，至五年，而麥價亦減焉。嗚乎！天降丧亂，饑饉荐臻，後之視今，猶今之視昔，可不懼哉！

總理：從九李潤德、監生趙百琛。首事：張進修、李爋、李燦、夏榮、宋元、宋儒欽、馬遇平。

李潤德捐錢二千文，趙百瑗捐錢一千五百文，張進修捐錢一千文，李燦捐錢一千文，宋元捐錢一千文，宋儒欽捐錢一千文，馬遇平捐錢一千文，李爋捐錢五百文，李焜捐錢五百文，董得富捐錢四百文，崔均捐錢三百文，宋讓捐錢三百文，張克明捐錢三百文，趙春捐錢三百文，李花捐錢三百文，袁荣捐錢三百文，趙法銀捐錢三百文，張太和捐錢三百文，從九李志荣捐錢三百文，馮喜山捐錢二百文，袁興捐錢二百文，李志林捐錢二百文，宋儒均捐錢二百文，李士均捐錢二百文，張太保捐錢二百文，張華捐錢二百文，趙長保捐錢二百文，李門張氏捐錢二百文，趙百俊捐錢二百文，趙百熙捐錢二百文，牛春捐錢二百文，閆志來捐錢二百文，閆瑢捐錢二百文，趙山捐錢二百文，李士臣捐錢二百文，張榮捐錢二百文，趙百岩捐錢二百文，李士望捐錢二百文，宋新成捐錢二百文，馬遇荣捐錢二百文，李學捐錢二百文，李馬保捐錢二百文。

石匠：郭桂、李聚財，捐錢二百文。

大清光緒五年歲次己卯七月十五日立。

517. 旱灾記

立石年代：清光緒五年（1879年）
原石尺寸：高153厘米，寬56厘米
石存地點：焦作市博愛縣博物館

〔碑額〕：其警于兹

旱灾記

歲戊寅，應邑侯聘主訓七方村，修睦義學，日與外翰王君以齋接談，言及客歲荒旱，以齋囑予爲文誌之，以警示來兹。惟予學業荒疏，灾黎情形，不足儗其萬一。盍臚舉閭閻顛連困苦之狀，予誠染翰書之。以齋曰：自丁丑四月不雨，至今年三月始雨，晋豫及秦赤地千里，米麥每斗千八百文，紅白茭子、录豆、黄豆，每斗千三四百不等。榆皮麵每斤制錢三十文，蒺藜、蒼子、蒲茅根、㢘草根等麵，每斤亦二十文上下。窮民轆轆饑腸，急何能擇？然愈食愈瘠，不底於死不止。且餓莩争食，孰厪狐悲，骨肉相殘，甘同豺忍，此吴門謝蘭階、鐵淚圖之所以作也。廣厦沃壤，賈用不售，夏屋三楹，難易十貫，良田一畝，僅貨数緡。鬻女弃妻，本良家而零依草木；天涯地角，生别離而哭斷肝腸。襤衫破褉，典當一空，女舄兒襁，陳列街市。餒而死，寒而死，投河懸梁而死，某縣約已四分，某鄉計有過半。即僕之鄰里，鵠面鳩形而登鬼籙者，亦將近千人。况饑饉薦臻，疫厲繼作，疾深二竪，艾無三年，一家之中，有傷一二人者、三四人者，更有闔室盡歿者，屍骸枕藉，慘目傷心。雖咸豐癸丑，髮賊擾郡，盤踞六旬；同治丁卯，捻匪犯清，蹂躪兩次，未有如此之甚者也。予聞而愀然曰：此言即可壽之石，傳諸後矣，安事予費詞乎？然重有感焉。昔人以扁舟渡險，有句云：一棹危於葉，旁觀欲損神，他年到平地，無忽險中人。今雨暘時若，歲且豐矣。吾與子復得優游太平者，豈非入險而出險耶！夫三代之民，耕三餘一，耕九餘三，以三十年之通，量入爲出，雖有凶旱水溢，民無菜色。繼自今誠能存餘三餘九之思，謹身節用，飲食衣服無縱欲，冠昏喪祭無逾禮，務使粟有赢餘，財無空匱，即遇凶荒，何至轉徙流離，委身溝壑哉。是爲記。

歲進士候選訓導王雲峰撰文，張長年書丹，王約字以齋篆額。

丙午科舉人沈邱縣訓導王輅、歷任洛陽縣教諭夏邑縣訓導王輶、甲子科副貢五品銜東河即補直隸州州判王允恭同校正。郡增生王奎、本科舉人蔡良賚、邑庠生郭純精、邑庠生尚作梅、邑庠生尚剛、邑庠生蔡立山、邑庠生王于兹、邑庠生王允迪、邑庠生王允固詳參。

監工光緒三年軒轅會首事：位泰成、福義裕、玉順德、玉和文、義利普、信積號、光裕合。

住持僧：祥維、澄波、清山。石匠韓金蘭刻石。

大清光緒五年歲次己卯九月穀旦。

永垂不朽

欽命二品頂戴分守河南河北彰衛懷三府兼管驛傳河務水利兵備道吳

欽加同知銜特用直隸州署衛輝府封邱縣正堂

518. 封丘縣差徭碑記

立石年代：清光緒五年（1879 年）
原石尺寸：高 217 厘米，寬 69 厘米
石存地點：新鄉市封丘縣王村鄉廟崗村使君祠

〔碑額〕：永垂不朽

欽命二品頂戴分守河南河北彰衛懷三府兼管驛傳、河務、水利、兵備道吴曉諭事照，得封邱縣車馬一項，向由胥役催辦，差費從無定額。每分役派浮收，□□□□□如□□發沼後，□以有限之民力，豈能供無厭之□□。亟應□定章程，以恤民艱，而垂久遠。前經本道行據該署縣李，□悉心妥議，□地收□繳□兩，……分别□□，復……應繳錢數，未盡妥協，又經飭縣秉公另議。兹據該縣稟定，上古不二……其餘一訟□民悉數□□。本縣□加□□，乃□公□□□，由道報明巡撫，部院批示立案外，□行出示曉諭，爲此示仰封邱縣□邑□民人等知□□。示□後凡有地入□□，以上之户……下至二十畝者，每畝每季出錢九文。二十畝以下至三畝者，每畝每季出錢八文。□□加□□□，三畝以下……間，每年少出錢二萬餘串。於間□不遵，□□其悉出錢花户，務于季首□月……紳，從此厘定，可□無虞裕外，□求較之□□□收乃……

欽加同知銜特用直隸州署衛輝府封邱縣正堂李刊定□□章程，……累。光緒四年秋，……議章程，□加稟定□分□斷……俟□□一年後，總計以餘究……厘章刊石，以垂久遠。除章程頒發□刊……然利去之，□□相倚……永垂不朽。特示。

光緒五年歲次己卯陽月上澣。

519. 重修禪房并記述灾荒碑

立石年代：清光緒六年（1880 年）
原石尺寸：高 170 厘米，寬 75 厘米
石存地點：安陽市林州市合澗鎮小寨村府君廟

〔碑額〕：永垂千載

從來立廟宇以爲安神之所，即需禪房以爲祀神之用。如此廟院有西禪房三間，由來旧矣。然歷年久遠，既風吹而瓦□，亦雨洒而榱崩。去年冬，合社人咸慮禪房之顛覆，猶嫌廟院之愜隘，而群然動重修之念。遂公議舉李公諱文安爲社首，以倡其事。復舉李瑶等爲副首，以董其事。於是。按户而隨心捐錢，將旧基移後七尺，由冬而春，而功乃成焉。尔時余適在小寨訓蒙，董事者索文於余，余本庸碌，但略陳其固陋之辭。董事者又云：前年凶荒太甚，可并誌焉。余曰唯唯。然回憶凶年，不覺心惨，同受灾苦，山西、河南，惟我林邑尤爲可憐。自丙子以來，歲已不豐稔。至於丁丑春日一雨，麥禾尚少收一二。夏終不雨，秋稼竟未獲毫分。至秋而又不雨，麥禾未種。來春而始降雨，谷苗方生。斗米錢千三，個個受飢，八口之家死五六。斤麵銀五分，人人無食，十室之邑存二三。夫賣其妻而昨張今李，父弃其子而此東彼西。食人肉以療飢，死道路而尸皆無肉；揭榆皮以充腹，入庄村而樹盡無皮。由冬而春，由春而夏，而人之死者，大約十分有七矣。迨秋稼熟，而存者始安焉。如此者，總由於蓄積之不早也。玆并勒諸貞珉，以示後之人節儉度日，預爲蓄積，以防凶年可耳。

浙南陳子瑜撰并書。

宋永聚、李仁、社首李文安、曹敬、韓永倉，各捐錢一千文。任吉、李福新、常富，以上各捐錢五百文。李成，常法，副首李珍、蕭崎，趙啟平，宋智，以上各捐錢三百文。李瑶、李荣、李福，以上各捐錢二百文。明興礑捐錢一千文，德和兆捐錢五百文。永發成、文興永、元泰礑，以上各捐錢三百文。王加琛捐錢八百文。王文魁、李欽、李祥，以上各捐錢六百文。曹福、李宗成、李苔、牛鎖成、常堆金，以上各捐錢五百文。王福秀捐錢四百文。曹貞、曹貴、王加瑞，以上各捐錢三百文。蕭均、李宗周、李恒新、李珍、李日增、鮑金梁、張保安，以上各捐錢三百文。王加宗、牛明、王張保、鮑貞、宋林桂、鮑李氏、殷萬庫、張東、路青陽、常發元、常吕鎖，以上各捐錢二百文。常二元、常福元、李雙全、李日昌、李日和、李日新、李連會、李安荣、李恭、李和、李全成、李萿、李生元、李安、李聚、李買成、李宗奇、李永新，以上各捐錢二百文。殷萬聚、王加彬、王興、王文明、王張柱、李元發、李有萬、王加貞、王省、曹魁、李庭，以上各捐錢二百文。曹鐵梁、李禄、王加禄、王利、王吉、郭秀、王元，以上各捐錢一百文。王亨、王加福、李振明、姬黑小、李貞、王加章、李文魁、李林山、李五、李大國、李芳、李平山、李黑漢、牛得山、王祥、常秀、常金全、常香元，以上各捐錢一百文。李根、常太元、宋治元、常牛鎖、王章、温重陽、王加全、陳子平、李□林、李東、鮑荣先、李興、常石成、魏丑、李景鎖、王二小、張三陽、張崗，以上各捐錢一百文。任亨、王月、王定、李竹，以上各捐錢一百文。

共捐錢三十二千五百文，收前社錢十六千五百文，共花費錢四十九千文。

瓦工王祥，石工蕭崎。

大清光緒六年歲次庚辰清和月穀旦。

游蘇門記

520. 游蘇門山記

立石年代：清光緒六年（1880 年）
原石尺寸：高 186 厘米，寬 70 厘米
石存地點：新鄉市輝縣市百泉風景區

〔碑額〕：游蘇門記

予生長萬山中四十年，無日不與山水爲緣。丙子登第後，宦游梁，梁地勢平衍，數百里無高山大陵，堪供□□□□入江，而濁流汹涌，不足以滌塵襟。友人告之曰：中州大文章，惟有兩筆耳，一在嵩山，一在蘇門。嵩山崇隆博大，氣象雄偉，如讀四子六經，義正詞嚴，令人肅然起敬。蘇門水清山秀，奇特幽深，如讀廿六諸子百家之文，豪情逸致，令人翛然意遠，悠然神移，心竊慕之。戊寅春，于役孟津，過虎牢，渡伊洛，途次仰見嵩山萬仞，蒼蒼莽莽，如雲接天，恨不能振衣其巔，一覽夫中原形勝，岸然有小天下卑衆山之概，□於車塵馬足間，深仰止之思云爾。己卯夏奉使渡河，道出衛輝，北望太行，蜿蜒綿亘數千里，意其中必有名勝可探詢之。土人曰：距此六十里爲輝邑，邑西有蘇門山，在太行之麓，下有泉，從石隙中出，累累□如貫珠數百串，故曰百泉，又曰珍珠泉。山水之佳，爲中州冠，騷人逸客，往往游咏其間。維時護送流民男婦老幼，鵠形鳩面者五百餘人相從，盖有心欲往，而身不能往者。是冬奉檄權通許，篆通許，距省七十里，平岡迴抱，亦無邱壑之美。聽政餘閒，惟有目想神游於故國之黄山、白嶽而已。庚辰秋將卸任，得省報云，温、輝兩邑缺員，上憲以予補温，而以雷君劍華補輝。聞之温屬懷慶，亦無泉石之勝，予以爲我與山水無緣也。居數日，省報又云，予與雷君調補矣。予爲之躍然起曰：山水與我果有緣也。卸篆後，部覆未到，閒居省寓，如脱韁之馬，如出籠之禽，逍遥無事，意欲一游蘇門，先睹名山爲快，且藉此游以觀夫士習民風□。□冬十月，適奉豫方伯札，委赴河陽催漕。公事既畢，返旆至武陟，遣散騶從，駕一車携一僕，由獲嘉望輝邑進發。初入境，漸聞水聲潺潺，開帘一望，則見澗水交流，稻田卦畫，四圍菉竹猗猗，宛然有故園風景，顧□樂之。已而夕陽在山，暮烟四起，鳥歸林表，犢返村墟。於是卸征鞍、解行橐，遂投宿於南關旅館焉。明日早起，盥漱畢，偕僕入城，見市廛百貨備具，熙熙穰穰者，往來如織。而閒街曲巷中，士女彬彬，衣冠樸素，頗有太古風，心喜之，不意荒歉之後，尚有承平景象。歸至店午餐後，策馬望蘇門去，西行三里許，遥見山腰露出紅墻一角，心知其爲蘇門矣。下馬步行，從西華門進，見山下一方池，約十餘畝，沿池繞以石闌干，水清如鏡。依山傍水，廟宇亭臺，屋瓦鱗接。較浙之西湖，而局面小；較吴之惠山，而境界大。予緩步由池西上，路旁有孫夏峰、邵康節兩先生祠堂對峙，其間有頹垣敗瓦，則百泉書院舊址也。路轉而北，則有衛源□、□帝廟、吕祖閣，背山而面池，池邊有三亭，中靈源、左涌金，右噴玉。予憩於靈源亭，倚石柱觀泉，泉汩汩涌出，儼如煎茶湯，至百沸，蟹眼魚眼，從釜底泛上，俯視久之，塵想爲之一空。少焉有道童從關帝廟出，延□入道院，窗明几净，不染纖塵。叩其師則曰：白雲深處訪友去矣。道童汲泉烹茶，飲之甘芳可咀，清氣沁人心脾。茶畢，命道童引路上山。入山門則有石碑屹立，上書“蘇門山”三大字。石梯數十級爲振衣亭，斜徑□上有聖廟焉，門前石坊上鎸“子在川上”四字。再上數十級，爲大成殿，殿中塑聖人神像，兩旁配以顔、曾、思、孟四大賢像，東壁石刻聖像，鬚眉活現，氣象冲和，相傳爲吴道子手筆也。兩廡塑宋明先儒神像十數□，予一一下拜。拜畢，由大成殿東角上爲御碑亭，更上一層是爲晋孫公和嘯臺也，拾級登

臺，高出雲霄，長嘯一聲，山鳴谷應。北顧太行，蔚芳環列如屏。其西山隈有廬三間，繚以周垣，表以重門，道童曰：邵康節先生安樂窩也。其東山脚有塚巋然，曰彭餓夫之墓在焉，予景慕者久之。俯視百泉，樹色淡濃，亭臺倒影池塘，天然一幅畫圖也。縱目南視，茫然無際，惟見竹樹參差，烟雲杳藹而已。天風急起，冷氣侵人，於是□步而下，一路石刻詩句甚多，予且讀且走，歸至道院，身覺倦而腹飢矣。偃卧繩床，教道童煮粥。未幾，奉粟米粥一甌，山肴野蔌，頗有野人風味。粥罷，聽得夕陽烟裏，水鳥飛鳴，遂别道童而去。由池東下，其旁有□祥文正公祠，又有萬壽宫遺址，局勢甚寬，無如年悠代遠，已成荒廢。行至池南，則有白鷺園，朱門漆檻，金碧輝煌。門前有老松兩株，勢若虬龍，園後爲嘯竹廬，廬中修竹萬竿，竹中斜徑一條，曲如羊腸，頗有□趣。出嘯竹廬，向西走數武，有石橋盤屈，渡至池中清暉閣，閣外柏樹十餘株，黛色參天，陰濃數畝。步梯登閣，仰望蘇門山、嘯堂、聖廟、御碑亭、振衣亭、安樂窩，俱在目焉。予爲之低徊，留之不能去。云池中央有□魚亭，惜無小舟不能至。忽見東山銜出一輪明月，因偕僕策馬由東華門歸。明日天大雪，在旅館盤桓一日。又明日駕車南渡，歸至省寓，已奉檄赴輝任矣。

知輝縣事婺源潘江文濤氏撰，命侄鶴銜書石。

大清龍飛光緒六年歲在商横執徐嘉平月小除日之吉。

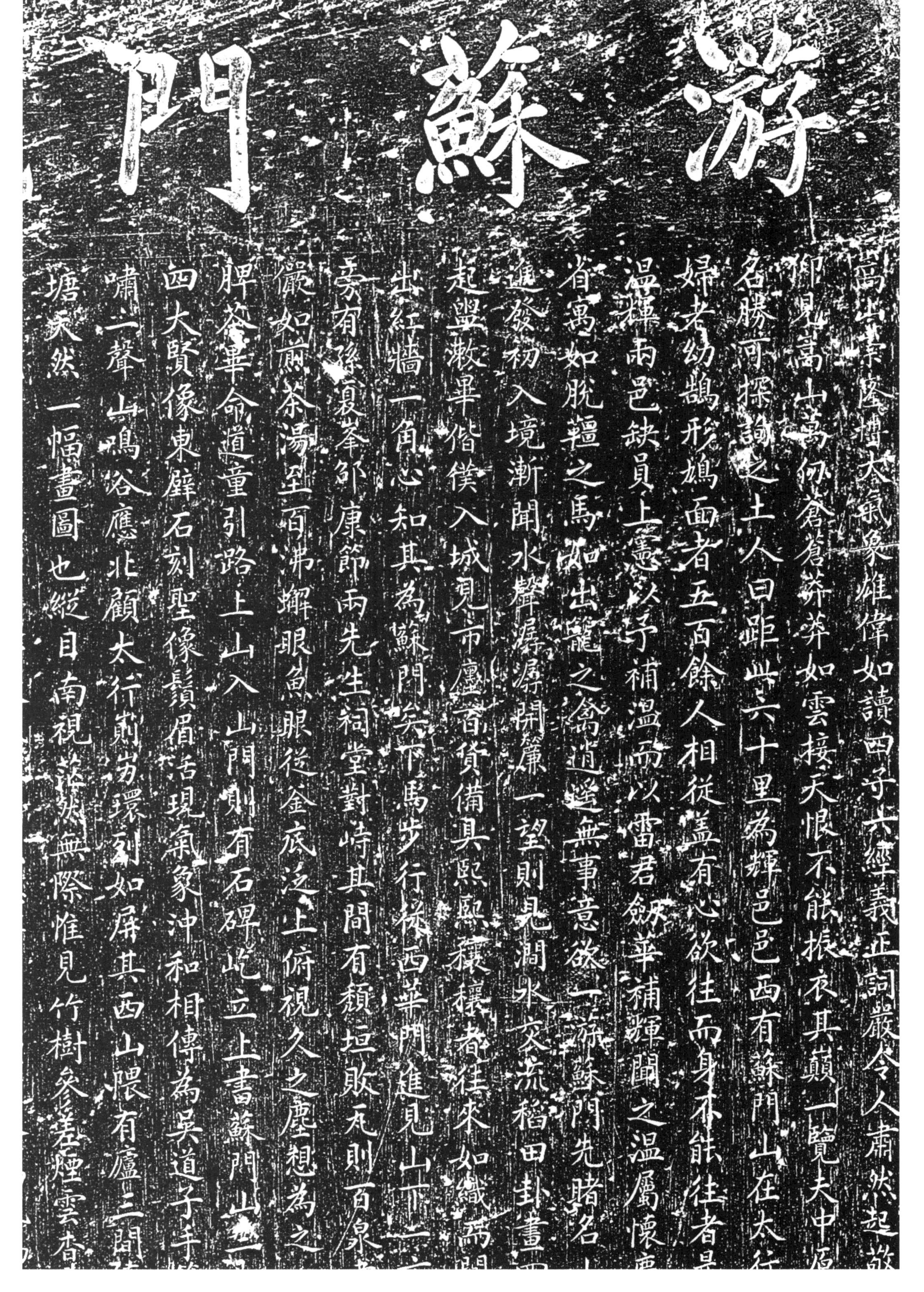
游蘇門

嵩山崇峻體大氣象雄偉如讀四子六經義正詞嚴令人肅然起敬
仰見嵩山萬仞蒼蒼莽莽如雲接天恨不能振衣其巔一覽大中原
名勝可探詢之土人曰距此六十里為輝邑邑西有蘇門山在太行
婦老幼鵠形鳩面者五百餘人相從蓋有心欲往而身不能往者屢
温輝兩邑缺員上憲以予補温而以雷君敏華補輝爾之温屬懷慶
省萬如脫韁之馬如出籠之禽逍遥無事意欲一游蘇門先睹名山
進發初入境漸聞水聲潺潺開簾一望則見澗水交流稻田卦畫
起盥漱畢偕僕入城見市廛皆貨備具熙熙穰穰者往來如織爲閑
出紅牆一角心知其為蘇門矣下馬步行從西華門進見山下一
旁有孫夏峯邵康節兩先生祠堂對峙其間有頹垣敗瓦則百泉
儼如煎茶湯至百沸蟹眼魚眼從釜底泛上俯視久之塵想為之
脾登華命道童引路上山入山門則有石碑屹立上書蘇門山三
四大賢像東壁石刻聖像鬚眉活現氣象沖和相傳為吳道子手蹟
嘯一聲山鳴谷應北顧太行荊岩環列如屏其西山隈有廬三間
塘天然一幅畫圖也縱目南視落然無際惟見竹樹參差煙雲杳

《游蘇門山記》拓片局部

此村光緒二年間共記男女一百一十七口自三四年間流離死亡僅存男女七一口斯時尸骸有未瘞而窮食者有已瘞而窮食者此間北坡有一小窑食人肉者混積其中骸骨之堆如邱其時米價每石十伍串麥價每石十三串瓜穰豆穰玉麦秆白甘土皆備食用花籽餅每个太分十文樹皮草根或剝或刨亦幾殆尽每一婦女十七八歲者僅值三五百文尔時有崔家溝秦公名文岐者其村亦有田産隨此鄉社意起善念協全鄉鄰捐分勒石以示不朽

庠生郭煥章撰文 郭明琯書丹

共攢錢四千四百卅文

秦文岐 二千文　秦全讓 一百七　石工 宋淇欽

元得堂 三百　刘公 三百六　出石工錢一千四百文

郝金平 二百六　王法先 二百三　出花費錢四百文

郭金花 二百　元得禄 一百　淨餘錢二千伍百九十文買羅用

王喜昌 二百　賈萬容 一百　王運昌施地基一處南至岸根滴水北至路岸下滴水西至池外岸滴水西南至石界東至石界

王運昌 一百　王鳳士 一百　郝金平施楊樹一株

郭清大 一百　監生王鳳彩 二百

521-1. 灾荒碑記（碑陽）

立石年代：清光緒七年（1881 年）
原石尺寸：高 74 厘米，寬 31 厘米
石存地點：安陽市林州市桂林鎮桃科盤峪村土地廟

此村光緒二年間，共記男女一百一十七口。自三四年间，流离死亡，僅存男女十一口。斯時尸骸有未葬而窃食者，有已葬而窃食者。此間北坡有一小窑，食人肉者混積其中，骸骨之堆如邱。其時米價每石十伍串，麦價每石十三串，瓜穰、豆穰、玉麦秆、白甘土，皆備食用。花籽餅每个大錢五十文，樹皮草根或剥或刨，亦幾殆尽。每一婦女十七八歲者，僅值三五百文。尔時有崔家溝秦公名文岐者，其村亦有田產，随此鄉社意起善念，協同鄉鄰捐錢，勒石以示不朽。

生員郭焕章撰文，郭明琯書丹。

秦文岐二千文，元得堂三百，郝金平二百六，郭金花二百，王貴昌二百，王運昌一百，郭清太一百，秦全讓一百七，刘公三百六，王法先二百三，元得禄一百，賈萬容一百，王鳳士一百，監生王鳳彩二百。石工宋淇欽。

共攢錢四千四百廿文，出石工錢一千四百文，出花費錢四百文，净餘錢二千伍百九十文，買鑼用。

王運昌施地基一處，南至岸根滴水，北至路岸下滴水，西至池外岸滴水，西南至石界，東至石界，内施柏樹貳株、槐樹一株。郝金平施楊樹一株。

嘗聞有美必錄，有善必書，自古皆然。盤峪村庄東舊有土地竜王小石廟五座，不知創自何時，建自何人，昔去碑記。此王姓世居其庄，男女四五十口，自光緒三四年間流离餓斃者，僅存五人而已。廟宇地基是王公名運昌者施捨。適有元公得堂、郝公金平等，恐其久而去稽，没人美意，因募化鄰里，捐小勒石，以示不朽。

天地三界十方萬靈真宰之神位

大清光緒七季歲次辛巳清和月下旬 立

521-2. 灾荒碑記（碑陰）

立石年代：清光緒七年（1881 年）
原石尺寸：高 74 厘米，寬 31 厘米
石存地點：安陽市林州市桂林鎮桃科盤峪村土地廟

天地三界十方萬靈真宰之神位

尝聞有美必録，有善必書，自古皆然。盤峪村庄東舊有土地、龍王小石庙兩座，不知創自何時，建自何人，昔无碑記。此王姓世居其庄，男女四五十口。自光緒三四年间，流离餓斃者，僅存三人而已。庙宇地基是王公名運昌者施捨。適有元公得堂、郝公金平等，恐其久而無稽，没人美意，因募化鄰里捐錢，勒石以示不朽。

大清光緒七年歲次辛巳清和月下旬立。

522-1. 重修觀音堂碑序（碑陽）

立石年代：清光緒七年（1881 年）
原石尺寸：高 154 厘米，寬 59 厘米
石存地點：安陽市林州市任村鎮圪針林村白龍廟

〔碑額〕：重修

重修觀音堂碑序

盖聞祀神建神祠之宇，首善者創，繼善者修矣。不有以創之則首善之功弗著，不有以修之則繼善之事不傳，久已夫創與修兩端并重也。如任鎮西鄉棘針林，舊有觀音堂一所，其地山名水秀，地傑神灵，宏恩廣被，攸賴民生，群迷普渡，功德甚深。經光緒四年春夏凶荒，米麥一斗一千餘文，蕩家敗産，死者多人。越至七月，洪雨大行，神廟盡翀。安居斯土，庇護何從？爰有善信人等陳立聚、楊文成、陳永坤、陳喜山目睹心傷，不忍坐視，究合村衆，共計重修。于焉資財，于焉效工，經营結構，益盛前人。于焉豚築，于焉黝亞，庙宇墻屋，但各告成。爰請丹青金塑，聖像繪画，□故墻壁增輝，庙貌耀精。不必如鳥之革，望之巍然而可畏；不必如翬之飛，瞻之自焕然而可觀。不刻諸石，恐没人善，付之貞珉，以誌其事于不朽。

涉邑西交村庠生徐元校撰文，陽平庄谷金鳴書丹，本村善士楊聚太校。

社首：楊文成、陳立聚、陳永坤、陳喜山。買辦：陳義生、楊聚太、陳永和、陳喜春。監工：陳喜明、楊文魁。催工：楊文富、張有仁。管物料：楊文明、陳喜吉。看厰：陳喜林、陳永慶。

石匠：魏永新錢一百文。木匠：牛文春錢□百文，陳永昌錢一百文。刖匠：楊正□錢二百文。玉匠：魏永□、魏□□，錢二百文。

大清光緒七年歲次辛巳榴月吉日。

522-2. 重修觀音堂碑序（碑陰）

立石年代：清光緒七年（1881 年）
原石尺寸：高 154 厘米，寬 59 厘米
石存地點：安陽市林州市任村鎮圪針林村白龍廟

〔碑額〕：碑記

……開列於後：

……崗村錢五百文，任村東庄錢五百文，任村財神社錢一千五百文，任村南社錢一千文，任村北社錢一千文，豹台社錢三百文，李中朝錢三百文，盤陽村錢一千文，下趙所錢二百文，上趙所錢一千二百文，岳銀艮錢二百文，盤龍山錢六百文，王天相錢二百文，張万君錢一百五十文，張万倫錢一百文，張万坤錢一百文，張立山錢一百文，張万聚錢一百文，王玉坤錢一百文，張喜元錢一百文，刘玉良錢一百文，刘凤才錢一百文，楊青才錢一百文，刘凤光錢一百文，刘玉平錢一百文，刘得同錢一百文，張立新錢一百文，刘凤聚錢一百文，王成元錢一百文，刘凤中錢一百文，刘玉中錢一百文，張万全錢一百文。馬家岩：大社錢二百文，李在學錢一百文，□□云錢一百文，谷行云錢一百五十文，谷方云錢一百文，谷丙南錢一百文，谷邦有錢一百文，谷振和錢一百文，谷成云錢二百文，谷海云錢一百文，谷邦魁錢一百文，谷振花錢一百文，谷平天錢一百文，谷起伏錢一百文，谷起云錢一百文，谷邦學錢一百文，谷全保錢一百文，楊富錢一百文，耿朝魁錢一百文，耿朝聚錢一百文，楊仁錢一百文，王太奇錢一百文，耿朝坤錢一百文，楊万興錢一百文，耿計青錢一百文，楊冶堂錢一百文，楊貴錢一百文，楊义錢一百文，耿朝明錢一百文，李瑞云錢一百文，耿生富錢一百文，付全行錢一百文，豹台李三有錢一百文。白家庄：白興學錢三百五十，白伏錢二百文，武生白見三錢二百文，王伏恒錢二百文，白坤錢二百文，白玉璋錢一百文，白玉良錢一百文，白順金錢一百五十，白玉雪錢一百五十，白玉堂錢一百五十，白順义錢一百文，白順礼錢一百文，白玉松錢一百五十，白水鏡錢一百文，白興良錢一百文，白雪錢一百文，白星錢一百文，王万伏錢一百文，王万录錢一百文，王万貞錢一百文，王伏同錢一百文，王丙文錢一百文，王金名錢一百文，王伏坤錢一百五十文，王金璋錢一百文，白玉名錢一百文，王丙太錢一百文。柏樹庄：大社錢七百文。東尖庄：大社錢三百文，楊永和錢一百文，申□才錢一百文，楊全名錢一百文，楊全林錢一百文，楊全林錢一百文，申作和錢一百文，楊太興錢一百文，楊富名錢一百文，楊松名錢一百文，申丙辛錢一百文，申作合錢一百文，楊万林錢一百文，申九林錢一百文。陽耳庄：大社錢二千五百文，谷金鳴錢一百文。杓鋪村：大社錢二千一百文，梁進艮錢二百文，馮春聚錢一百文。上石界村：刘得伏錢二百文，刘玉祥錢四百文，白興錢二百文，刘得仁錢四百文，刘得云錢一百文，刘得生錢一百文，刘金荣錢一百文，白秀芝錢一百文，刘得坤錢一百五十，許有祥錢一百文，白奇錢一百五十。許万富錢一百文，芦學文錢一百文，刘得香錢一百文，白貴錢一百文，芦學富錢一百文，芦聚興錢一百文，芦錦芳錢一百文，芦學興錢一百文，芦錦荣錢一百文，白倫錢一百文，白秀名錢一百文，白秀顯錢一百文，白富錢一百文，刘玉清錢二百文，刘玉录錢一百文，許貴艮錢一百文，刘玉良錢一百文，許萬有錢一百文，刘玉坤錢一百文，刘玉和錢一百文，刘聚太錢一百文，刘玉元錢一百文，白玉元錢一百文，芦錦標錢一百文，許貴珍錢一百文，刘玉山錢一百文，刘凤名錢一百文，芦學善錢一百文，芦錦蒼錢一百文。下石界村：石見瑞錢一百文，楊興山錢一百文，石抱永錢一百文，石見行錢一百文，許振興錢一百文，許振京錢一百文，石慶

興錢一百文，芦九中錢一百文，石永全錢一百文，陳万興錢一百文，許久和錢一百文，許久青錢一百文，石小三錢一百文，許貴存錢一百文，許久芳錢一百文，許久存錢一百文，石抱祥錢一百文，常万魁錢一百文，芦學長錢一百文，石見奇錢一百文，申步云錢一百文，監元常万義錢四百文。常万录錢四百文，常新錢二百文，石見學錢一百文。石貫村：石徵容錢四百文，石抱興錢二百文，石抱蘭錢二百文，石抱元錢二百文，石抱有錢一百五十，石抱坤錢一百五十，石抱永錢一百五十，石抱魁錢一百五十，石慶德錢一百五十，石抱琴錢一百五十，石慶堂錢一百五十，石見国錢一百五十，石慶国錢一百五十，石慶林錢一百五十，石慶松錢一百五十，石慶長錢一百五十，石月子錢一百文，石見合錢一百文，石慶冠錢一百文，石慶川錢一百文，石慶春錢一百文，石慶生錢一百文，石玉金錢一百文，石慶錫錢一百文，石抱青錢一百文，石抱璋錢一百文，石慶和錢一百文，石永昌錢一百文，石慶順錢一百文，石慶公錢一百文，石慶斌錢一百文，石慶秀錢一百文，石慶周錢一百文，石慶文錢一百文，石抱安錢一百文，石慶奇錢一百文，石慶香錢一百文，石見亨錢一百文，石抱請錢一百文，石抱山錢一百文，石慶來錢一百文，石慶榜錢一百文。

杓鋪村楊清瑞施檩柱二根，石清荣施檩方二根。本村陳永蘭、陳永荣、陳永合、陳永貴施檩三根，又随檩方二根。陳黑旦將神廟左右地基則于社中所用，作大錢三千文，恐后無憑，刻石爲證。

本村便槐樹一科［棵］，增本利百千，餘文修庙所用。

《重修觀音堂碑序（碑陰）》拓片局部

合社敘荒年碑
粤歷代以來綱目書旱多矣書大旱多矣至書歲饑人相食則曠代僅有而鮮不在本方者何也蓋本方
地勢高亢利水不利旱故諺云平年防旱但自明崇禎九年與十四年山陝河南饑人相食後距今數百
年未遭其事聞其説者或且半信半疑焉不意光緒三年自五月不雨以至來歲三月穀綿未收年麥禾
種斗粟錢五千畝地銀數分青年子女甘為僕婢而莫售黔首丁男願作傭工而無主茹木葉餐草桑無
五穀之氣莫能延生賣田宅鬻妻子得簞豆之餐何以續命於是餓斃者死而死者累無完膚不甚者生
而生者莫敢獨行人食人之事遂無處不有矣甚至糟頭牲口以暫離而半已不存夜生闖入歸稍遲而
屍即莫尋市井當劫奪之場近地難為貿易驛路即殺越之境遠方難作生涯雖同治年間回紀西亂甚
髮東來傷人莫此為甚也吾邑素稱富足曾記三年九月間人猶□百有奇至四年六月僅存二百餘口
絕姓者共計七族絕戶者約近八十幸賴□方大人賑□用故猶有存焉者耳否則餘黎幾無子遺矣
願後人鑑此須思量入為出□耕餘一九耕餘□慎勿厭勤誠儉以□凶年不免去爾
首事人
生員周敬範謹撰
周玉顯全校
何布未
生員周夢齡敬□
龍飛光緒七年八月下浣穀旦　稷山石工丁濟□鎸

523. 合社叙荒年碑

立石年代：清光緒七年（1881 年）
原石尺寸：高 103 厘米，寬 42 厘米
石存地點：三門峽市靈寶市西閻鄉滹沱營村

〔碑額〕：皇清

合社叙荒年碑

粤歷代以來綱目，書旱多矣，書大旱多矣。至書歲饑人相食，則曠代僅有，而鮮不在本方者何也？蓋本方地上高亢，利水不利旱，故諺云“年年防旱”。但自明崇禎九年與十四年山陝河南饑人相食後，距今数百年，未遭其事。聞其说者，或且半信半疑焉。不意光緒三年自五月不雨，以至來歲三月，穀綿未收，牟麥未種。斗粟錢五千，畝地銀數分，青年子女甘爲僕婢而莫售，黔首丁男願作傭工而無主。茹木葉、食草彙，無五穀之氣，莫能延生；賣田宅、鬻妻子，得簞豆之餐，何以續命？於是餓甚者死，而死者俱然無完膚；不甚者生，而生者莫敢獨行。人食人之事，遂無處不有矣。甚至槽頭牲口人暫離，而半已不存；夜坐閒人歸稍遲，而屍即莫尋。市井皆劫奪之場，近地難爲貿易；驛路即殺越之境，遠方難作生涯。雖同治年間，回紇西亂，長髪東來，傷人莫此爲甚也。吾邑素稱富足，曾記三年九月間，人猶七百有奇，至四年六月，僅存二百餘口，絶姓者共計七族，絶户者約近八十。幸賴方大人賑濟數月，故猶有存焉者耳，否則餘黎幾無孑遺矣。願後人鑒此，預思量入爲出，三耕餘一，九耕餘三，慎勿厭勤詘儉，以致凶年不免云爾。

生員周敬範謹撰。

首事人周丕顯、何希朱同校，生員周夢齡敬書，稷山石工丁濟鐫。

龍飛光緒七年八月下浣穀旦。

靈脩

盖聞勝地名區鍾毓雖出於天工靈岩異谷修葺特資人力行山之景況概見未有如我朵耳庄滴水岩清幽秀潔者也是岩之創建重修載於旧碣不煩再叙後值年荒寺僧散没人跡罕稀香火幾鄰於断絕廟宇頹塌棟椽漸及於崩古蹟與蒿萊同湮刹極鍊碩果不食光緒辛巳四月初三日佃戶張立與見諸夢寢誕傳神奇信士朵永昌原得福伙義施財倡為善舉由是村衆感激承領社首六人時值農忙又苦水缺道路遠恐謀蒙協合社僉議衆皆欣然樂從焉遂即亭派衆役尅日與工本村各自捐資外鄉隨緣布施斬棘成徑盡皆鳥道而羊腸砌石為梯無用攀剞與俯壘鳩工庀材爰兆顯理塗戶建楹彌月告竣丹黄彩素春日落成神靈之赫濯巍然遠應廟宇之輝煌焕然一新雖未達敬鬼神而遠之旨聊以報先王神道設教之意云爾

大清光緒七年九月 吉日

524. 重修滴水岩碑記

立石年代：清光緒七年（1881 年）
原石尺寸：高 100 厘米，寬 56 厘米
石存地點：安陽市林州市任村鎮桑耳莊村滴水岩

〔碑額〕：重修

蓋聞勝地名區，鍾毓雖出於天工；靈岩异谷，修舉特資于人力。行山之景況，不少概見，未有如我桑耳庄滴水岩清幽秀潔者也。是岩之創建、重修，載於旧碣，不煩再叙。後值年荒，寺僧散没。人迹罕稀，香火幾鄰於断絶，廟宇頹塌，棟榱漸及於崩摧。古迹與蔓草同湮，剥極皃碩果不食。光緒辛巳四月初三，佃户張立興見諸夢寢，詫傳神奇。信士秦永昌、原得福仗義施財，倡爲善舉，由是村衆感激，承領社首六人。時值農忙，又苦水缺，道路遠，恐謀不協。合社僉議，衆皆欣然樂從焉。遂即序派衆役，克日興工。本村各自損資，外鄉随緣布施。斬棘成徑，盡皆鳥道而羊腸；砌石爲梯，無用攀荆與附壘。鳩工庀材，灵湫顯聖，塗户建楹，彌月告竣，丹黄彩素，養日落成。神灵之赫濯，巍然遠應；廟宇之輝煌，焕然一新。雖未達敬鬼神而遠之旨，聊以誌先王神道設教之意云爾。

社首：桑清松錢二千文，桑清花錢一千文，成自恒錢一千文，桑文慶錢二千五百文，桑太周錢五千文，永茂錢一千文。買辦：桑永祥錢一千文，桑万公錢一千文，桑義福錢一千文。攢手：桑步敖錢一千五百文，桑永振錢一千文，桑同勛錢六百文，桑九全錢五百文，成自修錢五百文，桑廣才錢一千文。總管：桑万德錢五百文，桑文魁錢五百文。監工：成天俊錢三百文，桑林松錢三百文，桑步勤錢五百文，桑步廷錢三百文。催工：桑士勛錢五百文，桑太安錢六百文，桑興福錢三百文。管物料：張立興錢五百文，桑士陽錢六百文，桑步荣錢八百文，桑九高錢五百文，桑步青錢五百文。管物料：桑和坤錢四百文，□順子錢二百文。廚役桑文亮、張毛子錢一千五百文。

儒童桑清貴撰文，施錢五百文；儒童桑清禄書丹，施錢四百文。

金匠彭全振施錢五百文，泥水匠桑青支、桑步興、桑青辛、桑義興施錢二百文，木匠桑張子、張永貴施錢五百文，石匠秦守貴、岳曾山錢二百文。

大清光緒七年九月吉日穀旦。

疏河碑記

公議旱時擋堰澇時放堰

525. 疏河碑記

立石年代：清光緒七年（1881 年）
原石尺寸：高 128 厘米，寬 55 厘米
石存地點：新鄉市輝縣市薄壁鎮王武莊村

〔碑額〕：疏河碑記
公議：旱時擋堰，澇時放堰。
明崗、張泉河、郭庄、王武庄、白□南、鄧莊、東孟□、西孟岩。
鄉眷周泰、楊魁、監生周錦繡、監生郭蘭、武生時化龍、高其義、張相、朱金玉同立。
石工陳大林。
大清光緒柒年又十月吉日穀旦。

重修

從來善作者未必善成善始者不必善終然善作貴乎善成善始尤貴善終今馬家岩舊有媧皇宮一座九蓮宮三楹龍王廟一座不知創自何時重修數次迨至戊寅年七月中旬不意暴雨數日水橫流此廟俱被洪水傷毀過其地者未有不殘目傷心也於是本村善士耿紹名等以忠誠之隱衷而起修造之雅意另卜吉地率眾營築切慮事雖重修實同創建工程浩大獨力難成因而募化四方各捐金貲同心竭力共勷厥事不數日而功成告竣廟宇輝煌此固人之力有以為之要亦神之靈有以感之也是以刻石以垂不朽云

文童王廷英撰書

大清光緒七年歲在辛巳拾一月拾五吉日　合社　立

526. 重修媧媓等宮碑記

立石年代：清光緒七年（1881年）
原石尺寸：高163厘米，寬62厘米
石存地點：安陽市林州市任村鎮馬家岩村奶奶廟

〔碑額〕：重修

從來善作者未必善成，善始者不必善終。然善作貴乎善成，善始尤貴善終。今馬家岩舊有媧媓宮一座、九蓮宮三楹、龍宮廟一座，不知創自何時，重修數次。迨至戊寅年七月中旬，不意暴雨数日，洪水横流，此廟俱被洪水傷毀。過其地者，未有不殘目傷心也。於是本村善士耿紹名等以忠誠之隱衷而起修造之雅念。另卜吉地，率衆營築。切慮事雖重修，實同創建，工程浩大，獨力難成。因而募化四方，各捐金資，同心竭力，共襄厥事。不數日而功成告竣，廟宇輝煌。此固人之力有以爲之要，亦神之靈有以感之也。是以刻石，以垂不朽云。

文童王廷英撰書。

撈媧媓行身趙所村彭全名。社首：耿紹名、楊貴、李瑞雲、楊智堂。買辦：谷起雲、谷邦學、谷金保、楊義。監工：谷成雲、耿計富。催工：谷起福、谷振華。催牲口：谷芳雲、谷邦有。管物料：楊仁、谷行雲。谷起福施錢五百文。

木匠楊見福、谷滿雲、楊智堂、谷明雲施錢四百文。泥水匠程大存、趙興存、元景貴、冶子花施錢四百文。石工王金銘施工四個，石工魏永增施錢貳百文。陰陽生石見瑞施錢四百文。鼓樂楊喜□施錢貳百文。廚掌靳萬付施錢貳百文。

楊萬付施椽三路，楊貴施檁一条，耿紹魁施檁一条，靳滿景施檁一条，又施錢二百文。

大清光緒七年歲在辛巳拾一月拾五日吉日合社立。

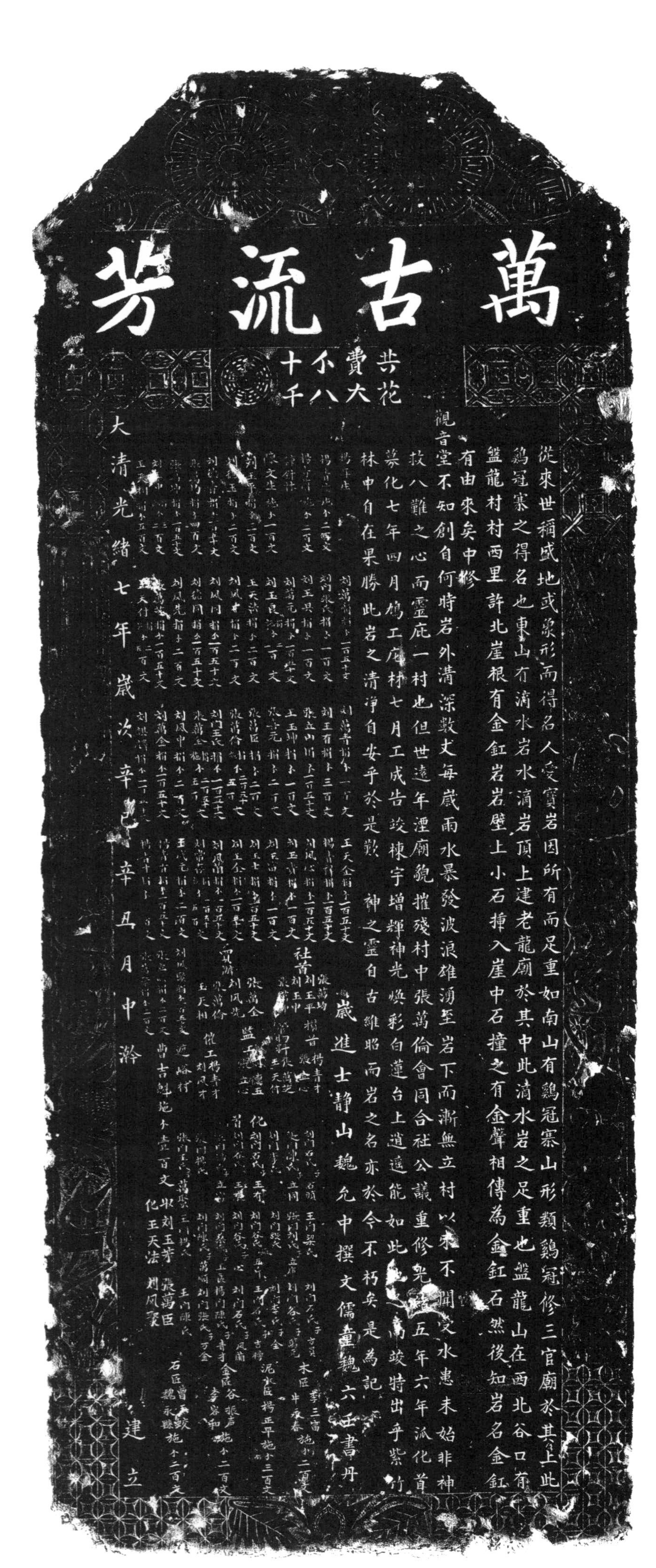

萬古流芳

共花費大不八十千

從來世稱盛地或象形而得名人受寶岩因所有而足重如南山有鷄冠寨山形類鷄冠修三官廟於其上此鷄冠寨之得名也東山有滴水岩水滴岩頂上建老龍廟於其中此滴水岩之足重也盤龍山在西北谷口有盤龍村村西里許北崖根有金缸岩岩壁上小石揮入崖中石撞之有金聲相傳為金缸石然後知岩名金缸有由來矣中修觀音堂不知創自何時岩外清深數丈每歲雨水暴發波浪雄涌至岩下而漸無立村以來不聞受水患未始非神救八難之心而靈庇一村也但世遠年湮廟貌摧殘村中張萬倫會同合社公議重修光緒五年六年派化首慕化七年四月鳩工庀材七月工成告竣棟宇增輝神光煥彩白蓮台上逍遙能如此乎岩特出乎紫竹林中自在果勝此岩之清淨自安乎於是歟神之靈自古維昭而岩之名亦於今不朽矣是為記

歲進士靜山魏允中撰文儒童魏六由書丹

大清光緒七年歲次辛巳辛丑五月中浣 建立

527. 重修觀音堂碑記

立石年代：清光緒七年（1881年）

原石尺寸：高157厘米，寬60厘米

石存地點：安陽市林州市任村鎮盤龍山村觀音堂

〔碑額〕：萬古流芳

從來世稱盛地，或象形而得名；人愛寶岩，因所有而足重。如南山有鶏冠寨，山形類鶏冠，修三官廟於其上，此鶏冠寨之得名也。東山有滴水岩，水滴岩頂上建老龍廟於其中，此滴水岩之足重也。盤龍山在西北，谷口有盤龍村，村西里許北崖根有金缸岩，岩壁上小石插入崖中，石撞之有金聲，相傳爲金缸石，然後知岩名金缸有由來矣。中修觀音堂，不知創自何時，岩外溝深数丈，每歲雨水暴發，波浪雄涌，至岩下而漸無。立村以來，不聞受水患，未始非神救八難之心，而靈庇一村也。但世遠年湮，廟貌摧殘，村中張萬倫會同合社公議重修。光緒五年、六年，派化首募化。七年四月鳩工庀材，七月工成告竣，棟宇增輝，神光焕彩，白蓮台上逍遥，能如此地之高竣特出乎，紫竹林中自在，果勝此岩之清净自安乎？於是嘆神之靈自古維昭，而岩之名亦於今不朽矣。是爲記。

歲進士静山魏允中撰文，儒童魏六壬書丹。

楊耳庄：楊青宝施錢二百文，楊青蘭施錢二百文。棘針林：陳文生施錢一百文，刘玉平捐錢三百文，刘德玉捐錢三百文，刘德青捐錢一百五十文，張萬鈞捐錢四百文，張萬坤捐錢一百五十文，刘□中捐錢三百文、施錢二百文，王天相捐錢五百文，刘萬順捐錢一百五十文，刘門張氏捐錢一百文，刘玉興捐錢一百文，刘萬元捐錢一百五十文，刘玉良捐錢二百文、施錢一百文，王天法捐錢二百文，刘凤才捐錢二百文，刘凤同捐錢一百五十文，刘德同捐錢一百五十文，刘凤先捐錢二百文，張萬芝捐錢一百五十文，王天付捐錢二百文、施錢五百文。刘萬青捐錢一百文，刘王有捐錢三百文，張立山捐錢一百五十文，王玉坤捐錢一百文，張喜元捐錢二百文，張萬臣捐錢二百文，張萬倫捐錢三百五十文、施錢五百文，刘門王氏捐錢一百五十文，張萬全捐錢二百五十文、施錢五百文，刘凤中捐錢二百文，刘萬金捐錢一百五十文，刘麒麟捐錢一百五十文，王天金捐錢一百五十文，楊青祥捐錢一百五十文，刘凤心捐錢一百五十文，刘玉貴捐錢一百文，刘玉富捐錢一百文，刘玉士捐錢一百五十文，刘玉全捐錢一百五十文，刘凤蘭捐錢一百五十文，刘常存捐錢一百五十文、施錢五百文，王成元捐錢二百文，楊青有捐錢一百五十文，楊青才捐錢二百文。刘凤聚捐錢一百五十文，張立心捐錢二百文，張萬聚捐錢二百文。遮峪村曹吉魁施錢壹百文。

社首：張萬均、刘玉平、刘玉中、張萬中。買辦：張萬全、刘凤先、張萬倫、王天相。攢首：楊青才、張立心。管物料：張萬芝、王天付。監工：刘德玉、張立心。催工：楊青才、刘凤才。

化首：刘門石氏子石頭，張門陳氏子立同，刘門李氏，刘門石氏子王有，刘門谷氏子王辰，陳門楊氏子立富，張門楊氏，張門王氏子萬聚，王門梁氏，張門刘氏子立庫，刘門張氏，刘門谷氏孫五斤，刘門谷氏子心，刘門桑氏子玉良，刘門陳氏子萬順，王门楊氏，刘門石氏子方員，刘門谷氏子萬元，刘門李氏子全，王門石氏子吉榜，刘門石氏子凤蘭，楊門陳氏子青才，刘門張氏子萬金，王门陈氏。收化：刘玉芳、王天法、張萬臣、刘凤聚。

木匠李三富、牛永春，施錢二百文。泥水匠楊正平施錢三百文。金匠谷振声、李容和，施錢二百文。石匠曹玉蛟、魏永縣，施錢二百文。

共花費大錢八十千。

大清光緒七年歲次辛巳辛丑月中澣建立。

課桑亭記

利莫大於農桑俗莫敦於耕織古盛時女與男並無暇逸而天[illegible]鮮貧民而天下於是乎無薄俗大河南北民習素惰耕田而外不知樹桑一遇災祲束手待斃光緒丁丑戊寅間歲大饑道殣相望哀鴻徧野甚且[illegible]有焉己卯歲雖轉豐而流亡未返十室九空元氣卒難驟復長白 豫東屏方伯陳臬中州旋權藩篆撫此遺黎愁然心傷者久之由是稟商 涂閣[illegible]欲為斯民興利以為計長久莫善於樹桑也 中丞亟慫恿之 方伯手著蠶桑纂要一編教民樹桑之法詳矣又捐集巨貲往湖州購桑秧數十萬[illegible]分州縣民於虖可謂得本務矣予於是冬來宰斯邑自捐廉俸請領桑秧數千株畀民分植時適亢旱百姓未知種法活者十無一二焉散給之餘尚[illegible]予就蘇門山麓擇曠地三弓遣人植之躬親督率早夜汲泉灌溉活者十有六七焉居無何其葉大而且肥綠蔭交加較本地之桑迥異百姓見而[illegible]學種去年冬各鄉紳殷實戶聞 方伯將又使人往湖州購桑於是踵門來見樂輸朱提乞予轉請 方伯附購湖桑自為布種予欣許之又自捐廉請[illegible]株以給貧民今春運到除分給外尚餘數百株補栽於蘇門隙地且於百泉東南角土壤上建一亭予當聽政餘閒策快馬駕輕車坐亭中召其父老[illegible]然教以種桑之法口講指畫不憚其煩而百姓鵠立亭外環而聽者如堵爰名其亭曰課桑蓋紀其實也云爾但願爾百姓如法培植家喻戶曉將[illegible]後收蠶桑之美利雖有凶年無憂凍餒而風俗亦由此蒸蒸然日近乎古樸則庶幾無負 中丞與 方伯殷殷然富教吾民之雅意是則予之厚望[illegible]爰握管而為之記

同知銜知輝縣事星源潘 江文濤氏撰

候選 知縣 史春荃 書丹

光緒八年歲次壬午仲夏之月端午節前二日立石

528. 課桑亭記

立石年代：清光緒八年（1882 年）
原石尺寸：高 186 厘米，寬 70 厘米
石存地點：新鄉市輝縣市百泉風景區

課桑亭記

利莫大於農桑，俗莫敦於耕織。古盛時女與男并無暇逸，而天□□□□鮮貧民，而天下於是乎無薄俗。大河南北，民習素惰，耕田而外，不知樹桑，一遇灾祲，束手待斃。光緒丁丑、戊寅間歲大饑，道殣相望，哀鴻遍野，甚且□□□□有焉。己卯歲雖轉豐，而流亡未返，十室九空，元氣卒難驟復。長白豫東屏方伯陳臬中州，旋權藩篆，撫此遺黎，惄然心傷者久之，由是禀商涂閬□□□，欲爲斯民興利，以爲計長久莫善於樹桑也，中丞亟慫恿之。方伯手著《蠶桑纂要》一編，教民樹桑之法詳矣。又捐集巨資，往湖州購桑秧數十萬□，□□各州縣民於乎可謂得本務矣。予於是冬来宰斯邑，自捐廉俸，請領桑秧數千株，畀民分植。時適亢旱，百姓未知種法，活者十無一二焉。散給之餘，尚恐□□休，予就蘇門山麓擇曠地三弓，遣人植之，躬親督率，早夜汲泉灌溉，活者十有六七焉。居無何，其葉大而且肥，緑蔭交加，較本地之桑迥异，百姓見而□□□願學種。去年冬，各鄉殷實户聞方伯将又使人往湖州購桑，於是踵門来見，樂輸朱提，乞予轉請方伯，附購湖桑，自爲布種。予欣許之，又自捐廉，請□□□株，以給貧民。今春運到，除分給外，尚餘數百株，補栽於蘇門隙地。且於百泉東南角土墩上建一亭，予當聽政餘間，策快馬、駕輕車，坐亭中，召其父老□□□然教以種桑之法，口講指畫，不憚其煩。而百姓鵠立亭外，環而聽者如堵，爰名其亭曰“課桑”，盖紀其實也云爾。但願爾百姓如法培植，家喻户曉，將□□□後收蠶桑之美利，雖有凶年，無憂凍餒，而風俗亦由此蒸蒸然日近乎古樸，則庶幾無負中丞與方伯殷殷然富教吾民之雅意，是則予之厚望□。爰握管而爲之記。

同知銜知輝縣事星源潘江文濤氏撰，候選知縣史春荃書丹。

光緒八年歲次壬午仲夏之月端午節前二日立石。

樂善好施

蓋聞久而必壞者物理之常也革故鼎新者人事之宜也善事勸諸貞珉方能永垂不朽
龍王廟舊有施舍地基碑立於乾隆拾柒年拾月念玖日也歷年多碑体崩裂字跡糢糊難辨
恐久而無考闔鎮首事相聚公議更立新碑刻寫舊章庶後之覽者識官地之所由來與
其畝數界限均不至荒渺而無稽也謹將施主姓名地數開列於左

生員□淳施舍地基一段四分坐落廟西南隅
申得勤施舍地基一段四分一厘坐落舞楼西
夏五典施舍廟下地基七分
申門鄭氏施舍樂楼下地基七分
申從詩施入廟西地基六分
共施地二畝八分一厘東至路西至張楊二姓南至路北至溝心
路東又一段東至李姓西至官路南至宋姓北至東西路
東西□□□修

大清光緒八年仲冬下浣之吉

合鎮首事仝立

鉄筆匠李東銘

529. 重刻龍王廟施地碑記

立石年代：清光緒八年（1882 年）
原石尺寸：高 163 厘米，寬 61 厘米
石存地點：洛陽市汝陽縣大安工業園區茹店村龍王廟

〔碑額〕：樂善好施

蓋聞久而必壞者，物理之常也；革故鼎新者，人事之宜也。善事勒諸貞珉，方能永垂不朽。龍王庙舊有施舍地基碑，立於乾隆拾柒年拾月念玖日也。歷年多，碑体崩裂，字迹模糊難辨，恐久而無考。閤鎮首事相聚，公議更立新碑，刻寫舊章，庶後之覧者，識官地之所由來與其畝数、界限，均不至荒渺而無稽也。謹將施主姓名、地数開列於左：

監生夏淳施舍地基一段四分，坐落廟西南隅。申得勤施舍地基一段四分一厘，坐落舞樓西。夏五典施舍庙下地基七分。申門鄭氏施舍樂樓下地基七分。申從詩施舍庙西地基六分。共施地二畝八分一厘，東至路，西至張、楊二姓，南至路，北至溝心。路東又一段，東至李姓，西至官路，南至宋姓，北至東西路。東西中路一條。

合鎮首事同立，鐵筆匠李東銘。

大清光緒八年仲冬下浣之吉。

萬善同歸

義橋碑記

河内縣正堂

徐大老爺仁明德政為 示嚴禁曉諭事

據武生申係清禀為興利除害請示各遵以杜後患事緣生村南地名九渡丹水源[illegible]
晋商必由之路向有橋樑一架係薑坡張坡郭庄三村逐年輪搭以便行人當初原屬[illegible]
不意人心不古奸詐日生各村不端之人輒行在此河口藉利九过二驢勒索錢一百文一[illegible]
勒索錢二百文車推担挑者不等其只圖利己殊不[illegible]其詭詐定屬藉堤近年更[illegible]
冬既登之際橋尚不搭致令行人多被涉之苦生既[illegible]因延日睹心憐見人備料將橋搭[illegible]
不惟不向行人索費更不時親身修整詎料伊三村不端之徒仍向過客訛要錢文屢次[illegible]
事無奈只懇作主賞給告示准生修搭永遠不取一利頂恩上叩等情據此除禀批示外
合行出示曉諭為此示仰紳耆民及過往客旅人等知悉九渡河口所搭渡橋係申武生
義舉往來紳商不索分文倘有不法之徒在此渡口橋頭阻攔訛詐需索商民錢文者准[illegible]
禀官傳案究辦決不姑寬各宜禀遵毋違特示

右仰通知

大清光緒八年十二月十七日 告示 實貼九渡口 勿[illegible]

據金批[illegible]地郭李財 [illegible]田地出[illegible]渡橋[illegible]

山西自澤州府鳳台縣紳[illegible]

協修村李木乙等[illegible]

530. 義橋碑記

立石年代：清光緒八年（1882 年）
原石尺寸：高 104 厘米，寬 45 厘米
石存地點：焦作市沁陽市长平鄉九渡村關帝廟

〔碑額〕：萬善同歸

義橋碑記

償金批總保廉學淮、保地郭學魁，糧由地出，□度橋何□在案□。

河内縣正堂徐大老爺仁明德政，爲示嚴禁曉諭事：據武生申保清禀，爲興利除害，請示各遵，以杜後患事。緣生村南地名九渡，丹水源□□□，晋商必由之路，向有橋梁一架，係廉坡、張坡、郭庄三村歷年綸［輪］搭，以便行人。當初原属□□，不意人心不古，奸詐日生。各村不端之人輒行在此河口取利，凡过一騎，勒索錢一百文，一□勒索錢二百文，車推担挑者不等。其只圖利己，殊不□□其訛詐，實属難堪。近年更□至□冬盛冷之際，橋尚不搭，致令行人多跋涉之苦。生既居附近，目睹心慘，覓人備料，將橋搭□。不惟不向行人索費，更不時親身修墊。詎料伊三村不端之徒仍向過客訛要錢文，屡次□事。無奈叩懇作主，賞發告示，准生修搭，永遠不取一利，預感上叩等情。據此除禀批示外，合行出示曉諭，爲此示仰紳商居民及過往客旅人等知悉，九渡河口所搭渡橋系申武生義舉，往來經過，不索分文。倘有不法之徒在此渡口橋頭阻攔、訛詐、需索商民錢文者，准□禀官傳案究辦，决不姑寬。各宜禀遵毋違，特示（此處有印）右仰通知。

山西省澤州府鳳台縣紳商民□：本人楊玉俊、王樹□、□□□、王□□、鹽廠村李末乙等。

告示實貼九渡口，勿□。

大清光緒八年十二月十七日。

531. 創建九龍聖廟碑記

立石年代：清光緒九年（1883 年）
原石尺寸：高 196 厘米，寬 70 厘米
石存地點：三門峽市陝州區硤石鄉硤石小學

〔碑額〕：皇清

創建九龍聖廟碑記

且鞠育携提生我之深恩，終生難報，而眷顧默佑保我之大德，畢世莫酬。如九龍聖母尊神，誠一郡之福星，實萬家之生佛。慈念是居，赤子盡享安康之樂；婆心爲隱，嬰兒嬉登壽城之榮。此地雖介山僻，斯人各存虔誠。矧聖母之靈爽赫赫，尤爲民所莫能名焉者哉。硤石鎮東南隅，舊有聖母廟一座。殿制九間，形勢亦云巍巍；會立三月，拜獻且見紛紛。方冀貌垂萬古，永爲庇護之資，孰意變生一時，竟失憑依之所。蓋因咸豐六年，河水漲溢，頃刻根基塌倒，須臾梁棟漂流。當斯時也，雖極爲□嘆，亦無可如何矣。幸而官紳起念，士庶存懷，願捐資財，已旋募化於四方，得金若干，擇地創建者。大厦之已成，愧尊嚴之未塑，忽□賊□擾境，暫爲停工。俄焉饑饉遍鄉，難以整頓，故遲延。已有公目涣散，而無□有□册之，已失表彰，無由傷功德之□□修理莫繼。然物换星移，歲華雖不一致，而群分類聚，善念究弗殊□。是以合□人等，邀衆公議，仍捐資財，復爲募化，□□舉功□從事，廟貌巍然而聿新，慷慨圖功，神像儼然而在望。吾門人有虔心者，即亦有感應。繇見化氣成形，瓜瓞之綿綿，心行明盛，□□毓秀，□□之峨峨，矗出愈奇。功竣邀序於予，因不揣固陋，援筆而書其巔末云。

本郡生員王運隆沐浴敬撰。

欽加六品行陝州直隸州硤石驛驛丞兼巡檢事汪敏施銀伍兩，硤石汛把總王應龍施銀三兩，號政王桂亭施銀二兩。

……

光緒九年三月吉日。

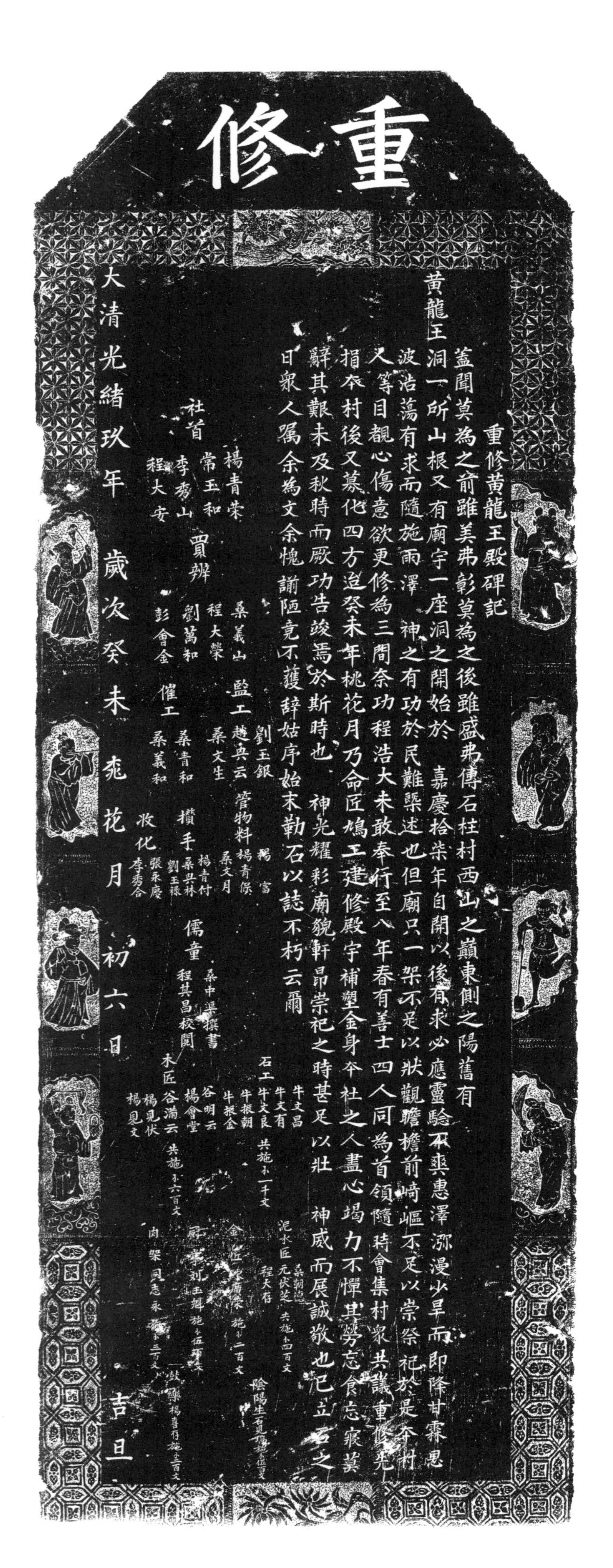

重修

重修黄龍王殿碑記

蓋聞莫為之前雖美弗彰莫為之後雖盛弗傳石柱村西山之巔東側之陽舊有

黄龍王洞一所山根又有廟宇一座洞之開始於　嘉慶拾柒年自開以後有求必應靈驗不爽惠澤瀰漫少旱而即降甘霖恩

波浩蕩有求而隨施雨澤　神之有功於民難槩述也但廟只一架不足以狀觀瞻檐前崎嶇不足以崇祭祀於是本村

人等目覩心傷意欲更修為三間奈功程浩大未敢奉行至八年春有善士四人同為首領隨時會集村衆共議重修先

捐本村後又募化四方迨癸未年桃花月乃命匠鳩工建修殿宇補塑金身本社之人盡心竭力不憚其勞忘食忘寢莫

辭其艱未及秋時而厥功告竣焉於斯時也　神光耀彩廟貌軒昂崇祀之時甚足以壯　神威而展誠敬也已立石之

日衆人囑余為文余愧譾陋竟不獲辭姑序始末勒石以誌不朽云爾

大清光緒玖年歲次癸未菊花月初六日吉旦

532-1. 重修黃龍王殿碑記（碑陽）

立石年代：清光緒九年（1883年）
原石尺寸：高176厘米，寬62厘米
石存地點：安陽市林州市任村鎮石柱村黃龍廟

〔碑額〕：重修

重修黃龍王殿碑記

蓋聞：莫爲之前，雖美弗彰；莫爲之後，雖盛弗傳。石柱村西山之巔東側之陽，舊有黃龍王洞一所，山根又有廟宇一座。洞之開始於嘉慶拾柒年，自開以後，有求必應，靈驗不爽，惠澤瀰漫。少旱而即降甘霖，恩波浩蕩，有求而隨施雨澤，神之有功於民，難概述也。但廟只一架，不足以狀觀瞻，檐前崎嶇，不足以崇祭祀。於是本村人等目睹心傷，意欲更修爲三間。奈功程浩大，未敢奉行。至八年春，有善士四人同爲首領，随時會集村衆，共議重修。先捐本村，後又募化四方。迨癸未年桃花月，乃命匠鳩工，建修殿宇，補塑金身。本社之人盡心竭力，不憚其勞，忘食忘寢，莫辭其難。未及秋時，而厥功告竣焉。於斯時也，神光耀彩，廟貌軒昂，崇祀之時，甚足以壯神威而展誠敬也已，立石之日，衆人囑余爲文。余愧謭陋，竟不獲辞，姑序始末，勒石以誌不朽云爾。

儒童桑中渠撰書，儒童程其昌校閱。

社首：楊青荣、常玉和、李秀山、程大安。買辦：桑義山、程大榮、劉萬和、彭會金。監工：劉玉銀、趙興云、桑文生。催工：桑青和、桑義和。管物料：楊富、楊青保、桑文月。攢手：楊青付、桑興林、劉玉禄。收化：張永慶、李秀合。

石工：牛文昌、牛文有、牛文良、牛振朝、牛振金，共施錢一千文。木匠：谷明云、楊會堂、谷满云、楊見伏、楊見文，共施錢六百文。泥水匠：桑朝德、元伏芝、程大存，共施錢四百文。金匠：陳廣荣，施錢二百文。厨掌：刘玉魁，施錢伍百文。内架：周志永，施錢三百文。陰陽生：石見瑞，施錢伍百文。鼓樂：楊喜存，施錢二百文。

大清光緒玖年歲次癸未桃花月初六日吉旦。

萬善同歸

光緒九年桃花月初六日

532-2. 重修黃龍王殿碑記（碑陰）

立石年代：清光緒九年（1883 年）
原石尺寸：高 176 厘米，寬 62 厘米
石存地點：安陽市林州市任村鎮石柱村黃龍廟

〔碑額〕：萬善同歸

水河村：元德禄施錢一千文。西坡村：秦永昌施錢一千文。井子村：日昇油坊施錢三百文，西盤陽社施錢五百文，南山十七社施錢二千五百，桑耳庄社施錢一千文，桑法荣施錢五百文。任村：程德芝施錢六百文，恒興坊施錢五百文，楊合心施錢二百文，財神社施錢一千文，北頭社施錢五百文，楊耳庄社施錢一千文。石崗村：李崑蘭施錢一百文，木秋泉杜施錢一千文。杓鋪村、石貫村社、石界村共施錢二千文。石陽子施錢二百文，芦學文施錢一百五十文，南荒村社施錢八百文，刘振才施錢三百文，刘义和施錢三百文，刘义祥施錢二百文，刘振同施錢二百文，虹底村社施錢八百文，槐樹平社施錢五百文，茶蘭岩社施錢二千文，南寺村社施錢二百文，庫家峧社施錢一千文，陳國中施錢五百五十，陳國魁施錢五百文，陳國元施錢五百文，桑青君施錢五百文，王德松施錢五百文，王德珍施錢五百文，王德元施錢四百文，桑万林施錢三百五十，石慶于施錢三百文，王德昌施錢三百五十，張克寬施錢二百文，桑万才施錢二百文，牛永年施錢二百文，王金箱施錢二百文，苗青順施錢二百文，王德秀施錢二百文，王德全施錢二百文，王德興施錢二百文，王永堂施錢二百文，王永啼施錢二百文，王德恒施錢二百文，郭法明施錢二百文，王德臣施錢二百文，武生王德魁施錢二百文，王永年施錢二百文，王德生施錢一百五十，王德文施錢一百五十，苗青和施錢一百五十，張永法施錢一百五十，桑文山施錢一百五十，陳國山施錢一百五十，王永太施錢一百五十，石慶义施錢一百文，王蓬鎖施錢一百文。捧峧村：桑永奇施錢一千文，王佃璽施錢一千文，付三珠施錢五百文，王元子施錢四百文，付三元施錢四百文，付朋法施錢四百文，王金佃施錢四百文，王振林施錢三百五十，付三义施錢三百文，付三奎施錢三百文，桑永旺施錢三百文，王興成施錢三百文，付三公施錢三百文，王在京施錢三百文，元天成施錢三百文，付三川施錢三百文，曹玉成施錢二百文，付三玉施錢二百文，谷起川施錢二百文，谷邦云施錢二百文，王振元施錢二百文，王金月施錢二百文，王金斗施錢二百文，王金安施錢二百文，王振興施錢二百文，谷起付施錢二百文，谷邦付施錢二百文，石慶明施錢二百文，桑永林施錢二百文，牛永貴施錢二百文，王振明施錢二百文，桑青童施錢二百文，谷起重施錢二百文，桑步孝施錢一百文，谷牛子施錢一百文。南山前社：李占春施錢三百五十，李占景施錢三百文，王守义施錢三百文，許万聚施錢二百文，申丙林施錢二百文，刘永才施錢二百文，李占方施錢二百文，申作堂施錢二百文，申作芳施錢二百文，李宗合施錢二百文，王青林施錢二百文，桑步云施錢二百文，陳起鳳施錢二百文，谷振堂施錢二百文，郭起同施錢二百文，谷起銀施錢一百五十，張景先施錢一百五十，李占純施錢一百五十，許方和施錢一百五十，陳國林施錢一百五十，刘玉金施錢一百五十，李万青施錢一百文，李宗平施錢一百文。柏樹庄：楊青淇施錢五百文，楊逢青施錢四百文，楊見恒施錢三百文，楊九祥施錢三百文，楊和施錢三百文，楊伏祥施錢二百文，楊伏秋施錢二百文，楊逢和施錢二百文，白英施錢二百文，楊見伏施錢二百文，楊万山施錢一百五十，楊見文施錢一百五，楊花施錢一百五十，楊佳花施錢一百文，楊逢昌施錢一百五十，白廷施錢一百文，白貴施錢一百文，

楊見生施錢一百文，楊九禄施錢一百文，楊保秀施錢一百文，白柏施錢一百文，白淇施錢一百文，白松施錢一百文，楊馬鎖施錢一百文，楊榜成施錢一百文，楊佳荣施錢一百文，楊佳賢施錢一百文，楊青吉施錢一百文。白家庄：白興學施錢一千文，白玉堂施錢五百文，白伏施錢五百文，白興良施錢四百文，白順义施錢三百五十，白玉璋施錢三百五十，白坤施錢三百文，白順金施錢三百文，白玉松施錢三百文，王伏恒施錢三百文，白玉雪施錢二百五十，白順和施錢二百五十，王伏玲施錢二百文，白玉倫施錢二百文，王伏坤施錢二百文，白水鏡施錢二百文，白丙寅施錢二百文，王万祥施錢二百文，白言施錢二百文，白順礼施錢二百文，白奇施錢二百文，武生白見三施錢二百文，王丙文施錢二百文，王万禄施錢二百文，王伏元施錢二百文，高永义施錢二百文，彭全秀施錢二百文，白興坤施錢二百文，王万伏施錢一百五十，白周施錢一百五十，白環施錢一百五十，白聚施錢一百五十，白明施錢一百五十，白帆施錢一百五十，白瑞施錢一百五十，白必施錢一百五十，白忠施錢一百五十，白貴施錢一百五十，白渠施錢一百五十，白春施錢一百五十，白珠施錢一百五十，白俊施錢一百五十，白艮施錢一百五十，白禄施錢一百五十，白堂施錢一百五十，白玉富施錢一百五十，白玉同施錢一百五十，白玉才施錢一百五十，白玉玲施錢一百五十，白玉明施錢一百五十，王金璋施錢一百五十，王廷英施錢一百五十，王廷勛施錢一百五十，王随合施錢一百五十，王金明施錢一百五十，王万貞施錢一百五十，王廷德施錢一百五十，王伏昌施錢一百五十，王伏慶施錢一百五十，王伏和施錢一百五十，王万年施錢一百五十，彭万興施錢一百五十，白奎明施錢一百五十，王伏同施錢一百五十，白興亮施錢一百五十。龍柏庵：刘行松施錢四百文，張喜荣施錢四百文，趙興蘭施錢四百文，耿計辰施錢三百五十，張興旺施錢三百五十，張云聚施錢三百文，桑景坤施錢三百文，耿随陽施錢三百文，耿聚成施錢三百文，桑义俊施錢三百文，桑义秀施錢三百文，張天奇施錢二百五十，陳成太施錢二百五十，陳起元施錢二百五十，張孟庫施錢二百五十，張大聚施錢二百五十，桑青法施錢二百文，桑万坤施錢二百文，谷振山施錢二百文，程德松施錢二百文，刘行保施錢二百文，刘步林施錢二百文，刘朝林施錢二百文，谷伏云施錢二百文，桑青興施錢二百文，陳随林施錢二百文，趙興昌施錢二百文，張云玉施錢二百文，耿榜施錢二百文，谷金堂施錢一百五十，刘茂林施錢一百五十，刘吉林施錢一百五十，桑步珍施錢一百五十，石抱利施錢一百五十，石慶明施錢一百五十，陳馬成施錢一百五十，桑維周施錢一百五十，谷貞堂施錢一百五十，耿永茂施錢一百五十，張士紅施錢一百五十，桑青春施錢一百五十，張立聚施錢一百五十，秦九林施錢一百五十，谷同明施錢一百文，桑毛施錢一百文，石文聚施錢一百文，刘文順施錢一百文，石抱心施錢一百文，刘玉興施錢一百文，谷門王氏施錢一百文，刘行荣施錢一百文，桑步云施錢一百文，刘水泉施錢一百文，程立永施錢一百文，刘聚魁施錢一百文，張喜施錢一百文，張計高施錢一百文，耿永林施錢一百文，張天保施錢一百文，耿永先施錢一百文，谷振先施錢一百文，谷成施錢一百文，耿朝春施錢一百文，谷折根施錢一百文，石抱恒施錢一百文，谷青堂施錢一百文，刘中全施錢一百文，刘黑施錢一百文，耿谷鎖施錢一百文，耿奎鎖施錢一百文，耿小同施錢一百文，耿永富施錢一百文，胡陽施錢一百文。

光緒九年桃花月初六日。

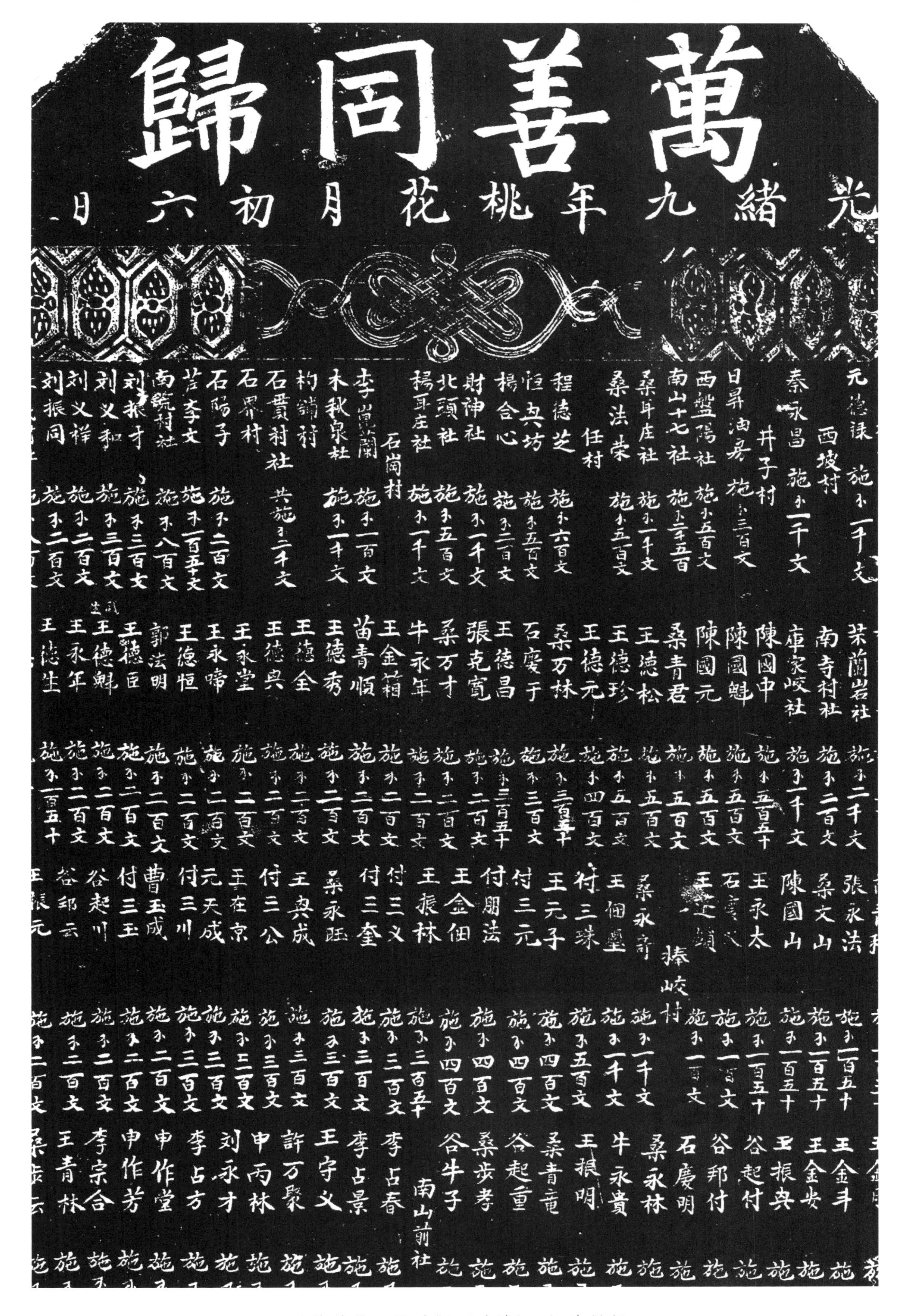

《重修黄龍王殿碑記（碑陰）》拓片局部

皇清

記敘荒年碑

光緒四年歲大饑食物昂貴田產器具盡屬無用男子婦女散歸四方者難計其數而本境人民死亡絕滅者亦十有八九雖天災流行國家代有然未有如此之甚者今諸先生欲爲記敘以警後人愧乏史才聊述其要蓋聞民以食爲天人以財爲命民情習於安樂不知大劫可畏乃於光緒三年時值亢旱二麥薄收晝改秋禾爲蕎麥蕎亦皆枯槁無成直至四年赤地千里饑饉洊臻米麥着斗羅錢四千田地一畝值價三百骨肉不能相顧親族不能相恤賣莊田賣妻女性命卒於不保賣房屋賣器具家產盡數彫零食畜食人食尸刮骨皆爲餬口截食截衣截財劫殺用以延生更有甚者染疫失調遂有滅門絕戶懸磬興悲人遂聚黨劫家食野菜安本分坐以待斃賣人肉恣殘刻亦多淪亡雞犬不留死尸橫野向隅呼天困何如之難胡[illegible]每有賑濟實閭閻尚難支持矣然而無奈所逼轉尋生機販人遠賣車殆馬煩掠女賠騙足財摩負帶子離舍棄兒而哭聲載道尋女得見呼母而淚流滿腮彼獄童兮誠無知矣孰無子女心獨忍乎言之不盡吁嗟已矣孰非 天帝之黎庶誰非 皇王之子民乃何孽所造致此大劫遂命困阨若此乎嗟嗟等情境似難備舉但願後人思患預防於其追悔無及何如早爲計慮天運不能有豐而無歉人事宜爲積蓄以待變果能勤儉自持耕九餘三即逢飢歲凶年尚何身家性命之不保也用是切爲囑望因勒石以誌之

庠生董天都撰文

族人書琴書丹

監生焦藝雲率族人 喜山 昌平 正平 煥宗 [illegible] 文章 大田 大明 仝立

[illegible]玖年捌月初一日

533. 記叙荒年碑

立石年代：清光緒九年（1883 年）
原石尺寸：高 146 厘米，寬 57 厘米
石存地點：洛陽市偃師區大口鎮焦村

〔碑額〕：皇清

記叙荒年碑

光緒四年，歲大饑，食物昂貴，田產、器具盡属無用，男子、婦女散歸四方者，難計其数，而本境人民死亡絶滅者，亦十有八九。雖天灾流行，國家代有，然未有如此之甚者。今諸先生欲爲記叙，以警後人。愧乏史才，聊述其要。盖聞民以食爲天，人以財爲命，民情習於安樂，不知大劫可畏。乃於光緒三年，時值亢旱，二麥薄收，盡改秋禾爲蕎麥、蔓菁，亦皆枯槁無成。直至四年，赤地千里，饑饉洊臻。米麥着斗，糶錢四千；田地一畝，值價三百。骨肉不能相顧，親族不能相恤。賣庄田、賣妻女，性命卒於不保；賣房屋、賣器具，家産盡数凋零。食畜食人食尸刮骨，暫爲糊□；截食截衣截財劫殺，用以延生。更有甚者，染疫失調，遂有滅門絶户；懸磬興悲，又逢聚黨剿家。食野菜，安本分，坐以待斃；賣人肉、恣殘刻，亦多淪亡。鷄犬不留，死尸横野，向隅呼天，困何如之。雖朝廷屢有賑濟，實閭閻尚難支持矣。然而無奈所逼，轉尋生機，販人遠賣，車殆馬煩，掠女暗騙，足財厚資。帶子難舍，弃兒而哭聲載道；尋女得見，呼母而淚流满腮。彼狡童兮誠無知矣，孰無子女心獨忍乎。言之不盡，吁嗟已矣！孰非天帝之黎庶，誰非皇王之子民？乃何孽所造，致此大劫，遂令困扼若此乎？諸等情境，似難備舉，但願後人思患預防，於其追悔無及，何如早爲計慮。天運不能有豐而無歉，人事宜爲積□以待变。果能勤儉自持，耕九餘三，即逢饑歲凶年，尚何身家性命之不保也。用是切爲嘱望，因勒石以誌之。

庠生董天都撰文，族人書琴書丹。

監生焦有雲率族人喜山、昌平、正平、焕宗、木喜、墀、鄉耆恒、松石、監生蘭、大章、大田、大明同立。

光緒玖年捌月初一。

重修大王廟碑記

534. 重修大王廟碑記

立石年代：清光緒九年（1883年）
原石尺寸：高168厘米，寬65厘米
石存地點：新鄉市原陽縣城關鎮祖師廟村祖師廟

〔碑額〕：碩果不昧

重修大王廟碑記

蓋聞海有海，若河有河伯，自古爲昭矣。若夫大王之神，則又古今來忠臣義士，或死於節烈，或生而靈异，或身爲河臣，名業爛然。其人雖没，其浩然之氣，磅□凛烈，有不隨形骸爲存亡者。是以前明以迄國朝，代有敕贈。而大河南北兩岸堤工，尤爲赫聲濯靈、感應之不爽者，故皆有廟焉以祀之。是堤之廟，由□舊矣，碣石無存，邑乘未載，父老亦莫有傳之者。惟竊閲《明史》，載有宏［弘］治時河决原武，支而爲三，侍郎白公昂者塞而治之，或即其建廟之始歟。然未確指其地，則亦臆度之私，未敢云傳信也。獨是廟之爲言貌也，廟貌巍峨，乃可以祈昭格而妥神靈也。歷代重修，更僕難數，類多湮没，無所考識。第憶道光十有五年，黄河北支上下四十餘里，歸工繁興，督道各憲駐防於斯，目擊此廟頽塌特甚，因之措帑捐廉，重爲修建，復創左右院道兩館，迄今四十有七年。厥後四年□復故道，兩館漸廢，是廟亦日即零落，間有修葺者，率皆因陋就簡。更兼比年時歲荒歉，米珠薪桂，人不聊生，重修之事，益無有過而問焉者，遂傾圮至於此極也。兹幸張公等二十有三人睹境地之荒凉，嘆神聖之失所，用是慨然議欲重修，稽於衆，靡不欣然樂從。由是各捐囊資，并募四遠樂善諸君子，共醵金得若干數，鳩工庀材，經始於二月二十六日，不匝月而正殿三間、兩序六間、山門一座、道房四所、厰厦四間并周圍垣墉六丈，莫不焕然一新，并復金妝神像，重塑丹雘。一時入廟覲光，群羡棟宇壯麗，金碧輝煌焉。工既竣，屬余爲文以記之，余自慚譾陋，無能爲役，乃固辭不獲已，蛇走不律，謹綴數語，誌其巔末，非敢言文，敬以俟後之善人君子有所感觸，嗣而修之，庶幾廟垂百代，祀隆千秋，永荷神庥，共慶安瀾，是則今日將事諸公與余之所厚望也夫。

廩膳生員錦堂李文華撰文，藍翎六品銜部選巡政廳芸圃李安清篆額，廩膳生員秉鉞裴昭虔書丹。

會首：東河主簿張炳堂捐錢拾捌千文，文童楊際春捐錢拾伍千文，武童趙連登捐錢拾伍千文，谷書紳捐錢拾伍千文，李安清捐錢拾千文，裴昭虔捐錢拾千文，邑庠生員銀河漢捐錢拾千文，監生張繼祖捐錢拾千文。會首：監生胡俊義捐錢伍千文，監生張書明捐錢叁千文，文□張承安捐錢叁千文，武生李殿甲捐錢叁千文，監生張學純捐錢叁千文，文生李緝熙捐錢叁千文，文生郭鎔捐錢貳千文，李雨霞捐錢贰仟文。會首：武生李慶雲捐錢貳千文，外委李儒林捐錢貳千文，文童胡士聚捐錢貳千文，李作梅捐錢壹仟伍百文，李書雨捐錢壹仟貳百文，外委王杰捐錢壹千文，李雷亮捐錢捌佰文。

木匠孔正倫，泥水匠孫鳴玉，石匠□茂，畫匠薛全義。

住持道人賈敖忠。

大清光緒九年歲次癸未菊月中旬穀旦。

海宴河清
光緒九年歲次癸未嘉平 穀旦

535. 海宴河清碑

立石年代：清光緒九年（1883 年）
原石尺寸：高 190 厘米，寬 62 厘米
石存地點：新鄉市衛輝市第四完全小學

海宴河清。
光緒九年歲次癸未嘉年穀旦。

536. 重修禹廟碑記

立石年代：清光緒十年（1884 年）
原石尺寸：高 73 厘米，寬 168 厘米
石存地點：鶴壁市浚縣大伾山禹王廟

誥授奉政大夫邑賢侯黄老父台重修禹廟碑記

惟我黄侯之莅浚也，問民疾苦，憫水利之不興，周覽山川原野陂渠溝洫，東越大伾望黄河故道，喟然嘆曰："信哉《班志》所稱：河所從來者高水湍悍，難以行平地。美哉禹功，所爲釃二渠也。"西登城，瞰衛河，極目白祀、同山之陂，宿胥之口，井固裴家之潭，則又喟然嘆曰："今大河雖徙，非禹舊迹；陂□陀起復，壟斷而岡連者，皆大行支麓也。地庳河狹，堤堰不修，若山水驟至，溪豁壑灌，桑田滄海尚可圖乎？今且勿言水利，姑盡力殺水害。"周諮父老，長豐泊最鉅，明年首疏浚之，引爲渠，又明年乃成。又明年治堤，工作水至，瀰瀰洋洋，不可涯涘。侯督工益急，不解衣，冒雨巡視。民田淹没殆不下數千頃，卒賴侯力，渠有所泄，堤有所捍，决之排之，崇朝其涸，雨亦立止，殆有神應。向之芒然一望者，今犁然阡陌，麥青青覆隴首矣。邑人喁喁感泣，歡欣頌禱。僉謂侯捍菑盡力溝洫，迴東海而南畝之功，不在禹下，豈侈語哉！豈侈語哉！大伾之麓故有禹王廟，久廢壞矣，康熙十八年邑侯劉公移祀於此，志所稱東山書院者也。垂三百年，明宫齋廬亦就朽敗，旁風上雨，無所障蓋，不足以昭祀事致誠恪意者。神不顧享，河菑衍溢莫之恤歟？水退，侯捐俸集資，治王庭壇。棟宇摧敗，撤而新之，加丹艭焉，翬如翼如，焕然改觀。歷時逾月，用財数百緡。董其役者：郎中銜在籍詹事府主簿王瑞麟、藍翎守禦所千總沈凌雲、生員王桂森也。工既成，咸願勒碑以揚神庥而著美政，乃爲詩曰：

禹抑鴻水，過家不入。已溺已飢，若是其急。導河積石，至于大伾。河流湍悍，二渠用釃。古之漯川，今之泉源。禹迹不復，吁嗟澶淵。我侯既至，是浚是距。手胼足胝，勤深伯禹。挽狂於倒，泄甘於鹵。我溺侯援，我飢侯哺。衽席是登，播獲是務。易儉爲豐，孰知其故。既纘禹功，乃崇禹宫。永鎮河流，百川爲東。惟神德依，匪私我侯。伐石銘勛，與山千秋。

邑人開封府新鄭縣訓導馮步峽撰文。

生員王思温書丹。

光緒拾年仲春之月。

創修

537. 創修虹露棧路三聖祠廟黑山泓南馬棘棧北碑記

立石年代：清光緒十年（1884 年）

原石尺寸：高 170 厘米，寬 61 厘米

石存地點：安陽市林州市任村鎮石界村三聖祠

〔碑額〕：創修

創修虹露棧路三聖祠廟黑山泓南馬棘棧北碑記

竊思道多平坦，咸稱如砥之安；路多崎嶇，每致窮途之嘆。矧茲路西達秦晋，東通齊魯，而要爲往來商旅之要衝，豈可缺而不修，壞而不補乎？念茲舊有古路一条，自道光癸未，山水暴發，路境决絶，移路坡根。迨至光緒九年癸未之秋七月廿三四日，大雨連日，洪水湯湯，路并傷没，行人躑躅，過客咨嗟矣。蓋虹露棧地勢嶮峻，上有巉崖，下臨深淵，上下徒行跋涉，猶多艱辛也。幸有善士常林、常茂、白興學，又有監生常萬鎰等目睹心驚，不忍坐視，随會合八村，共襄善事。八村亦慨然樂從，各捐資財，傾囊不惜。又勸善士許、盧二姓施捨地基，以便路之周齊，一旦懸崖鑿石，開山補砌，雖弗若寘彼周行，行彼周道，蕩蕩平平之無偏，則山徑之蹊間，介然用之成路焉。又慮道遠山險，風雨莫禦，因而創建廟宇，雄鎮要道，一則默佑行人，再則往來所息。衆皆同心協力，營造不数月，而厥功告竣，道路坦適，殿宇輝煌。功成刻石，以誌千載不朽云爾。

業儒劉玉和、王廷英撰文，盧錦榮書丹。

社首：常林、常茂共捐錢拾仟文，白興學捐錢拾仟文。買辦：劉玉清、白丙寅、王萬禎。掌賬：王伏心、馮春林。首事監工：靳萬元、靳□連、谷函珍、馬春松、馬春正、石抱元、石抱興、常萬鎰、劉得位、靳貴□、白崑、王丙文、白玉章、白玉堂、楊九祥、楊逢清、梁進錕、石慶長、刘□□、劉玉和、常銀、楊錫督、楊青蘭、白林、常心、楊清□、白玉□、王伏□、白□、谷起□……

泥水匠楊正平錢一百文，木匠：楊見生錢一百文，楊見文錢一百文，楊見福錢一百文。金匠陳廣荣錢五百文。□□工：陳□名錢一百文，申明安錢一百文，魏承坤錢一百文。石匠：常義福錢一百文，牛中陽錢一百文，牛奉台錢一百文，牛文良錢一百文，牛文有錢一百文。石匠牛振明又錢二百文。□□：楊正才錢一百文，石建青錢一百文。

馬家岩、白家庄、柏樹庄、仙棧村、石界村、石貫村、杓鋪村、楊耳庄。

大清光緒十年歲次甲申清和月穀旦，合社同立。

愷悌君子
無信讒言
重修玉皇山橋碑
大清光緒拾年孟冬月中浣穀旦

538. 重修玉泉山橋碑

立石年代：清光緒十年（1884年）
原石尺寸：高159厘米，寬63厘米
石存地點：洛陽市嵩縣何村鄉窑北坡村長春觀

〔碑額〕：愷悌君子　無信讒言

重修玉泉山橋碑

蓋聞聖王之世，設徒杠而備輿梁，休哉！何濟衆之周也。玆橋上通盧内，下達鞏洛，古今之通衢，實天下之大通，斯橋所關，誠非淺鮮。實不知創於何代，始於何人。第見同治年間，有□公諱鳴鶴者，補修斯橋，雖無大益，却有小補，亦不可泯没而弗彰。不意光緒七年，霪雨冲損，人止步而車停驂。有梅君諱成林者，目睹心寒，約我同人，募化重修，謹將施財姓名、職銜，開列於左以誌之。

州同王飛熊總理橋上事務撰文，施錢五千。

生員刘星斗錢五百，生員楊文星錢一千五百，楊春德錢一千五百，刘邦彦錢一千七百，監生王衍江錢一千五百，農司王炳南錢一千□百，典籍王鳳□□□百，□□□□五百，□□□□千，王錫田錢五千，從九王鳳閣錢五千，王一雲錢三千，監生王鳳山錢二千，王耀宗錢二千，訓導梅家驃錢一千，典籍李崑山錢五百，監生楊成林錢一千五百，貢生王紹宗錢一千五百，監生楊國珍錢一千五百，監生楊法太一千，張文閣□□，李景□二百，□□□一千，□□□五百，楊儒林一千，貢生郭逢寅一千一百，二和盛一千五百，東□黄一千，西□黄一千五百，趙光德錢一千一百，監生武修文一千三百，焦光德一千，監生吴廷相一千，吴秀一千，李漢一千，柴相如一千一百，李書田一千，王俊德錢一千二百，廩生吕申元一千，□静春一千，刘學海錢一千，郭佩玉五百，郭光山一千，王銘一千，王蘭台一千，李金鎖一千，監生李泮基一千，李文成一千，生員郭逢辰錢一千，郭應珍一千，敬業堂九百，王保成九百，閆清鐸八百，楊法明八百，楊世法七百，郭應台七百，楊文德七百，武殿元錢七百，王丕成七百，王丕顕七百，趙天元一千，附貢李鵬程、李泉基、李鵬搏、楊炳南、刘元華、閆貴永、監生段力田、閆萬箱、李金柱、李正元、唐尚書、范用心、李成元、李月林、韓國彰、唐明、李景元、張士奇，以上各錢五百，趙振邦、王定國、張國幹七百，李森、刘玉成、王重修、王三槐、王盛公、吴孝、楊永孝、吕濱海、張德烟、王文德、李中魁、王文焕、王狗揪、文盛號，以上各五百，生員郭同舟、郭仙舟、鄧憲書，以上錢各三百，郭神舟五百，郭雲生五百，石頭錢二錢，李小元一千二百，楚正法九百六十，孫绳武九百，趙松貴九百，趙狗文七百七十，刘學仁、宋景明、刘永信、厘榮春、李汝南、閆慶林、范永光、閆進祥、閆合祥、李有德、李鎖、郭維清、何聚平、郭鳳聚，以上各六百，謝克盛一千，張自成五百五十，李祥雲五百五十，刘明先四百六十，刘寶三四百五十，閆福元四百五十，張國端四百，楊世昌、刘鳳仙、郭維嵩、傅興、閆法隆、李金玉、郭月、郭廣德、郭鳳瑞、陳二太、閆貴鐸、段家、閆景明，以上各錢三百，郭景祥七百，黄荣光二百九十，刘學信二百四十，閆根生二百三十，楊世法二百二十，陳中和二百，楊心清一百六十，王太娃工五個，刘崑山工二個，刘學正工三個，張文昇工三個，□□敏工二個，趙□成工一個，趙定娃工一個，李長庚、張天桂、張松合、恒成號、刘聚、段成治各五百，上西河三千，李金升、閆福明、閆文升各五百。

大清光緒拾年孟冬月中浣穀旦。

清（四）

重脩記

嘗聞神道設教聖人以之故立廟祀神天下皆然淇之西有山曰龍山昔人建庵其上名為聚仙因正殿

老君又呼為老君山斯庵也創始不知何時重修凡經幾次廟宇禪房屢改造而增潤之奈歷年久遠風雨剝蝕

多有損壞者同治十二年環山紳民共議重修因筵請善信乞抒囊資以為集腋成裘之舉爾時踴躍爭先興

作共矢其志捐輸不吝遐邇各推其誠凡布施等項雖未辦齊亦得其半焉十三年春修補正殿暨三皇閣

三仙樓其餘未及經營嗣後連遭荒旱功程難就且光緒三年凶荒更甚凡議重修之人有病故者有逃亡者

亦有餓死者一時顛連困苦言之淒然所謂餬口無資興功何望哉延至八年連歲小康重議興功亦以成前

人欲成之美完昔日未完之功耳但功程浩大靡費極多除善信捐輸之外又筵請女化首募化四方合衆人

之力為萬善之歸鳩工庀材率作不倦越二歲而庵之内外煥然更新矣又約計餘資於庵之前創建戲樓一

座巍然屹立將見丹楹與畫棟爭輝飛閣共層簷耀彩況斯地東臨淇水漾陂則水色拖青西近行山疊障則

山光繞翠登臨者高瞻遠矚咸以為勝蹟名區別有天地焉功既竣合社請余一言為記余不敢以不敏辭

爰述其顛末以昭茲來許云

郡庠廩生王室樟南盧氏撰文

郡庠廩生申景雲從龍氏書丹

539. 重修聚仙庵碑記

立石年代：清光緒十年（1884 年）
原石尺寸：高 188 厘米，寬 63 厘米
石存地點：安陽市林州市臨淇鎮梨林崗村老君廟

〔碑額〕：重修聚

嘗聞神道設教，聖人以之，故立廟祀神，天下皆然。淇之西有山曰龍山，昔人建庵其上，名爲聚仙，因正殿老君，又呼爲老君山。斯庵也，創始不知何時，重修凡經幾次，廟宇禪房，屢改造而增闊之。奈歷年久遠，風雨剥蝕，多有損壞者。同治十二年，環山紳民共議重修，因筵請善信，乞抒囊資，以爲集腋成裘之舉。爾時踴躍争先，興作共矢其志，捐輸不吝遐邇，各推其誠，凡布施等項雖未辦齊，亦得其半焉。十三年春，修補正殿暨三皇閣、三仙樓，其餘未及經營。嗣後連遭荒旱，功程難就。且光緒三年，凶荒更甚，凡議重修之人，有病故者，有逃亡者，亦有餓死者。一時顛連困苦，言之凄然。所謂餬口無資，興功何望哉？延至八年，連歲小康，重議興功，亦以成前人欲成之美，完昔日未完之功耳。但功程浩大，靡費極多，除善信捐輸之外，又筵請女化首募化四方，合衆人之力，爲萬善之歸。鳩工庀材，率作不倦，越二歲，而庵之内外焕然更新矣。又約計餘資，於庵之前，創建戲樓一座，巍然屹立，將見丹楹與畫棟争輝，飛閣共層檐耀彩。况斯地東臨淇水，漾陂則水色拖青；西近行山，叠障則山光繞翠。登臨者高瞻遠矚，咸以爲勝蹟名區，别有天地焉。功既竣，合社請余一言以爲記。余不敢以不敏辭，爰述其巔末，以昭兹來許云。

郡庠廩生王室樟南廬氏撰文，郡庠廩生申景雲從龍氏書丹。

540. 重修玉皇廟池塘碑

立石年代：清光緒十二年（1886 年）
原石尺寸：高 42 厘米，寬 61 厘米
石存地點：焦作市博愛縣柏山鎮柏山村窑神廟

重修玉皇廟池塘社壽山會照定農出開列於後：

收錢首事：璩綺、璩桷、出……

璩良章出錢□□□，璩懷宣出錢□□□，璩懷恩出錢五千文，王立功出錢四千二百文，王統昌出錢三十三□□，璩書章出錢二十五□□，璩懷義出錢……璩振洲出錢九百文，王紹出錢……

大清光緒十二年……

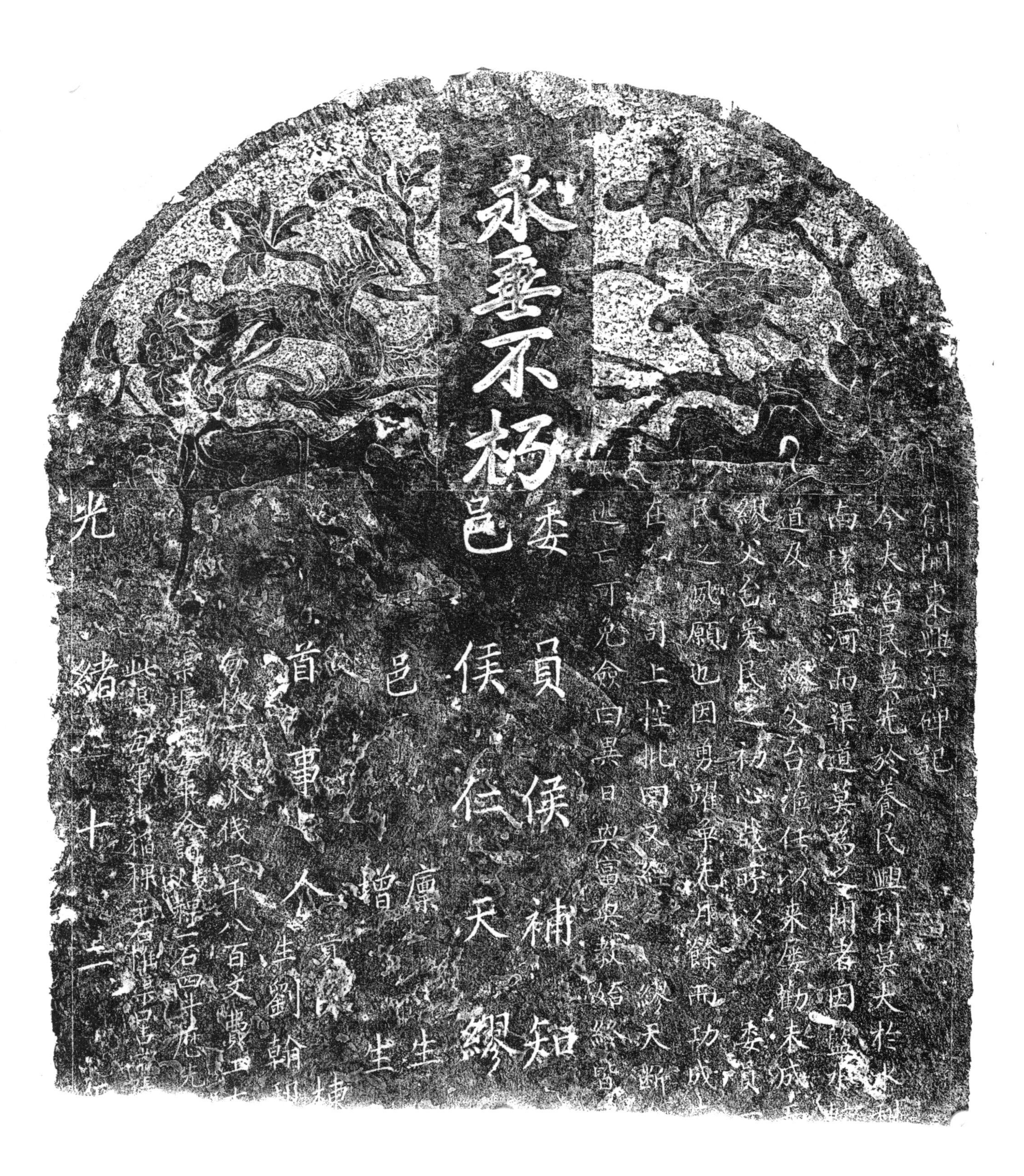
永垂不朽
創開東興渠碑記

541. 創開東興渠碑記

立石年代：清光緒十二年（1886 年）
原石尺寸：高 78 厘米，寬 60 厘米
石存地點：洛陽市汝陽縣城關鎮城東村城隍廟

〔碑額〕：永垂不朽

創開東興渠碑記

今夫治民，莫先於養民；興利，莫大於水利。……南環藍河，而渠道莫爲之開者，因藍水……道。及繆父台莅任以來，屡勸未成……繆父台爱民之初心哉！所以委員……民之夙願也，因勇躍争先，月餘而功成……在仙□司上控批回。又經繆天断……逃亡可免，僉曰：异日興富興教，始終皆……

委員候補知……邑侯仁天繆……

邑廪生……邑增生……

首事人：貢生□棟……貢生劉翰邦……

每杴一水派錢二千八百文，費工七……渠堰，每年各諸麦秋稞一石四斗，歷先……此渠每年出稻稞二石，惟渠□占常張……

光緒十二年……

重修龍王廟並增陪殿碑記

予觀錢塘表忠觀及昌黎公撰衢州徐偃王碑知凡受德澤於人者其後猶多廟祀之不

聖庇蔭可使無所妥靈乎茲村舊有

龍王廟不知創自何代謹考古碣明季萬曆時即已經行補修迄今又多歷年所院宇頹圮不

劉村衆等夙好義舉且念祈晴禱雨靈應如響屢蒙福佑欲答 神庥慨然有恢復舊制

村人各捐貲財不恤勞瘁鳩工庀財以董其成並增陪殿三間與此廟貌煥然一新於□

也非表記之何以勸善爲畧撰數詞以勒諸石云是為序

邑庠膳生員田雨□熏沐拜撰並書丹

首

事

代

人

大清光緒拾叁年仲冬之□

542. 重修龍王廟并增陪殿碑記

立石年代：清光緒十三年（1887 年）
原石尺寸：高 123 厘米，寬 59 厘米
石存地點：洛陽市伊川縣江左鎮劉村龍王廟

〔碑額〕：流芳百代

重修龍王廟并增陪殿碑記

予觀錢塘表忠觀及昌黎公撰衢州徐偃王碑，知凡受德澤於人者，其後猶多廟祀之，不……聖庇蔭可使無所妥靈乎？兹村舊有龍王廟，不知創自何代，謹考古碣，明季萬曆時，即已經行補修。迄今又多歷年所，院宇頽圮，不……劉村衆等夙好義舉，且念祈晴禱雨，靈應如響，屢蒙福佑，欲答神庥，慨然有恢復舊制……村人各捐資財，不恤勞瘁，鳩工庀材，以董其成。并增陪殿三間，與此廟貌煥然一新，於鑠……也。非表記之，何以勸善？爰略撰数詞，以勒諸石云。是爲序。

邑廩膳生員田雨公薰沐拜撰并書丹。

（以下人名漫漶不清，略而不録）

大清光緒拾叁年仲冬之月。

觀音寺八景詩題

昇聖橋

陟彼橋兮瞻聖兮卑彼先覺誰與之齊行遠自

邇登高自低後學可步勉哉孝恭

功德水

水名功德信非常清且漣漪潤四方極樂國上稱

盛事觀音寺中亦吉祥

東湯玉池

盤銘開業六百春禱雨池傳萬年真褒位源泉置

向艮共生側面最宜人

西湯王池

盥水懷商王禱雨表於此民情懷雲霓聖敬嚴羲

禔汝濯思不忘銘池憶錫祉泉源恰在左得名自

西始

洗心井

身外紅塵千丈深人生一涉便相侵須知井深□

窮奥洗我清清白白心

滌慮泉

澄鮮徹底本源清滌盡塵囂一世情凡念來時應

可化禪心到處信堪盟

迎旭閣

傑閣最清幽結構幾千秋開扉迎旭異鳳樓珠檻

炫金華浮旋似是瀛洲

描霞閣

高閣橫霞滿門夕陽返照興言當面逸韻佳趣長

天秋水芬園

讚曰

崔修識

昇聖橋兮功德齋湯王詩雨留考稽人能洗

心兼滌慮東西兩閣把名題

大清光緒拾四年闔余月 穀旦

543. 觀音寺八景詩題

立石年代：清光緒十四年（1888 年）
原石尺寸：高 61 厘米，寬 128 厘米
石存地點：洛陽市汝陽縣小店鎮聖王臺村觀音寺

觀音寺八景詩題

昇盛橋　張應□

陟彼橋兮，瞻望聖兮，卓彼先覺，誰與之齊？行遠自邇，登高自低，後塵可步，勉哉群黎。

功德水　劉漢三

水名功德信非常，清且漣漪潤四方。極樂國上稱盛事，觀音寺中亦吉祥。

東湯王池　□□□

盤銘開業六百春，祷雨池傳萬年真。震位源泉兼向艮，爽生側面最宜人。

西湯王池　張昊

盈水懷商王，祷雨來祈此。民情懷雲霓，聖敬嚴顧諟。汝濱思不忘，銘池憶錫祉。泉源恰在左，得名自西始。

洗心井　黄尚□

身外紅塵十丈深，人生一涉便相侵。須知井渫不窮養，洗我清清白白心。

滌慮泉　姚金榜

澄鮮徹底本源清，滌盡塵囂一世情。凡念來時應可化，禪心到處信堪盟。

迎旭閣　黄□□

傑閣最清幽，結構幾千秋。開扉迎旭昇，鳳樓珠檻燦，金華浮，疑似是瀛洲。

横霞閣　段奇峰

高閣横霞滿門，夕陽返照無言。當面遥望佳趣，長天秋水芳園。

贊曰　崔修戟

昇聖橋兮功德齊，湯王祷雨留考稽。人能洗心兼滌慮，東西兩閣把名題。

大清光緒拾四年闈余月穀旦。

544. 大寨底改修舞樓碑誌

立石年代：清光緒十四年（1888 年）

原石尺寸：高 158 厘米，寬 61 厘米

石存地點：焦作市博愛縣寨谿鄉大底村龍王五神廟

〔碑額〕：流芳百世

大寨底改修舞樓碑誌

嘗聞明鏡鑒形，往事鑒心。各社建修舞樓，誠往事鑒心意也。而大寨底更改修舞樓，足昭物財之阜豐，尤見善心之鼓舞。村北首舊有正殿三間，拜臺三間，東西厦樓十餘間，更于乾艮方修有祀神公所數間，屋宇深邃，墻垣鞏固，洵足觀也。獨對向僅有舞台三間，觀殿宇殊覺差池，前人頻欲改修，而未暇及。忽光緒三年晋豫兩省飢饉薦臻，山居者流離載途，餓莩塞野，畝地升粟，斗穀兩金，鷄犬蔑聲，牛羊絶迹。家鮮能字之婦，鄉罕可耕之男。他鄉存者，率逮十之二三，斯村生者，尚有十之七八，豈非神得其所，居民受其福耶？兹有勸首葛君、王君、賈君某某者，于十二年冬，見村衆歡欣鼓舞，咸欲改修舞樓。諸君即酌捐本社錢文若干串，并平日所鳩聚者，悉力督工，迨工程告竣，求誌於余。余不能文，復不獲□，姑窃往事鑒心之意，將荒札情形聊誌數語，以作將來之欲爲戒備者勸云。

邑庠生葛育曾譔文暨男果緒書丹，路得遥刻石。

掌神萬果芳錢四十千九百文，主神王九州錢三十七千文，王守立錢三十六千五百文，賈保貞錢二十九千八百文，葛益貴錢二十七千四百文，水官葛玉傑錢十七千二百文，葛益富錢十五千二百文，王守禄錢十五千三百文，王九苞錢十三千七百文，王會有錢十二千四百文，賈全文錢十一千八百文，葛益元錢十千零八百文，葛益定錢九千六百文，王九令錢七千八百文，林傳習錢七千三百文，王仲□施錢四千五百文，王鳳樓施錢三千文，王鳳台施錢二千五百文，王会通施錢二千文，毋天艮施錢二千文，以上本社施修舞樓、施高谷堆。三元社施錢二千文，毋伏安施錢一千文，靳桂銀施錢一千文，彭可法施錢一千文，趙學金施錢四百文，盧有祥施錢四百文，王朝棟施錢四百文，葛國房施錢四百文，賈保智施錢四百文，葛益禄施錢四百文，葛來穩錢十四千一百文，葛果俊錢十二仟二百文，賈保山錢十二千文，王九霄錢十一千八百文，林光禄錢十三千八百文，葛果山錢十一千文，葛益芳錢十一千一百文，王会毛錢十二千二百文，王会吴錢十千零一百文，葛益瑞錢十千零一百文，葛益和錢九千一百文，賈保珍錢八千九百文，林應全錢九千二百文，賈玉俊錢八千四百文，王九錫錢八千五百文，葛益增錢八千五百文，王九田錢八千四百文，葛果明錢八千文，王会明錢八千二百文，葛益魁錢七千文，葛益盈錢六千九百文，葛果貴錢七千文，葛全順錢六千九百文，賈全盛錢七千文，王九雨錢八千二百文，葛益財錢六千七百文，王守會錢六一千九百文，王守祥錢五千七百文，賈保賢錢五千四百文，葛果珍錢五千文，葛果元錢四千九百文，葛益□錢四千九百文，葛益化錢四千一百文，王□四錢三千八百文，孔東圪塔錢七百五十文，葛玉傑施錢四百文。施朝陽寺白坡村，趙學讓施梁架。木工林光禄。

開工前積聚錢八十五千文，開工後捐錢五百七十八千文，修□朝陽寺天官房費十六千一百文。修舞樓工費錢陸佰伍拾叁仟六百文。

大清光緒拾肆年歲次戊子季夏穀旦，闔社同立。

545. 重修滴水岩祖師廟碑記

立石年代：清光緒十四年（1888 年）
原石尺寸：高 35 厘米，寬 39 厘米
石存地點：安陽市林州市任村鎮桑耳莊村滴水岩

蓋聞誠則灵，斯言信不誣也。吾村滴水岩舊有祖師庙，係石砌爲之。奈冬春懸水隕墜，夏秋滴水浸陵，以致庙宇滲漏，神像殘頹，衆共□焉。僉儀略移基址，以避毁敗。鳩工命匠，旬日工成，丹黄采色，彌月告竣。勒石誌之，施財善人勒名於右。

後學桑青貴撰，後學桑兆群書。

秦永昌施錢二千七十文，張立興施工到底，張全福施工一個，高星來施錢一百文，桑滿景施錢一百文，原得仁子刻施錢一百文，谷門胡氏□□□□八百文，王門李氏子貢生香錢一百文，馬門王氏子同□香錢一百文。

光緒十四年七月十六日桑耳庄合社同立。

546. 荒年實録

立石年代：清光緒十四年（1888 年）
原石尺寸：高 224 厘米，寬 78 厘米
石存地點：新鄉市輝縣市百泉風景區

〔碑額〕：萬善同歸

荒年實録

普照寺重修勒石，予因石有餘隙，略記荒年實事，以警後。當光緒元二年歲已歉收，三年更大荒，河南、山西尤甚。是年春，諸糧昂貴，存糧之家，盡行糶賣，倉已空矣。三月雨一犁，春苗普種，後大旱，又被土蝗食苗殆盡，籽粒未見，米麥更貴，每斗價至一千五百文。所幸徐州一帶是年倍豐，故移粟尚易，此荒之一助也。粟貴肉賤，猪羊牛肉一斤價二十餘文，凡有騾馬牛羊，盡殺食之，且有以地换牛羊而食者，即鷄鴨貓犬，被人偷殺。至是人愈無聊，遂食白土、榆皮、玉麥骨、豆稭、瓜秧、杆草、蕎麥花、樹葉，此類惟□□□秧、玉麥骨攪糧尚可食，食蕎麥花者皆腫死。若豆稭、杆草、樹葉原非食物，而竟有食之者。然自冬至次年春，有餓斃道旁被人剮食者；有童子、幼女被人誆至其家，而殺食者；有入鄰家借物被人窩殺者。甚有父食子、子食父、兄食弟、弟食兄，剮其肉爨其骨者；更有死後埋已數月，被人發塚竊去而食者；有才貌婦女賣與人，販價衹三兩串者；兼之夜間搶切甚夥，有山村獨居，因家存斗糧，被人殺死一家者；有婦女弃夫拋子而竊逃者；有與夫商賣己身者；有及笄閨女自鬻其身者；有婦女行至半途，被人殺食者；有婦人將親生幼子女或毒死，或弃溝壑，恐累己身者；或丢街市，望人拯救，遂至十百成群，終於餓斃者；白晝手無兵刃，而不敢行路者。當是時也，日月無光，山川減色，傷心慘目矣。地土賤亦無人受，房屋盡行拆毁，桌椅等物皆作薪賣。有預先逃外就食者可免死，後有欲逃而力不能行，至斃半途者。是時，國家軫念民艱，連賑者三，然有名無實，人難依爲生活。總計死荒逃户十損其七。就我本村而論，荒以前計户百三十有奇，大小一千三百餘口，荒後計户五十有奇，僅存四百八十餘口。一村如是，其餘可知矣。又光緒十三年三月念八日，二麥秀齊，忽降嚴霜，盡行霜毁，乾萎於地，群言不能收矣。故有牲口者，赶緊犁毁，以備種秋，無牲口者，猶稍遲待。不料數日後，從旁滋芽，漸至秀穗結實，凡未毁者，至期尚有五六斗收，已毁者悔無及矣。倘再遇是灾，當以前車爲鑒也。至十四年四月初十日，天氣漸熱，人皆着單衣，忽大風雨，其冷非常，人牲行至半途，竟有凍斃者，此亦未有之奇灾，因并誌之。右録數异，皆予身歷目睹，并無誕妄驚駭後人，所不載何地何名者，以片石難備述也。願後世處豐而有餘一餘三之道，處歉而有因荒備荒之術，思患預防，此予所深望之者。是爲記。

本村向無旗傘，修廟後又賴劉君兆珍率乃事，重爲按地捐資，創縫彩旗二十五對，綾傘四頂。寺周圍種植柏樹三百餘株，俟後柏樹成材，惟修廟可用，断不許無故戕伐，致傷栽時之美意也，則幸甚。

邑庠生員葛幼春撰文，命子衍慶書丹。

（碑陽兩側刻楹聯）：重焕金身賴此日同心同力，修成玉宇願後人有壽有爲。

鄭工諸築津口經始于光緒十三年十二月
二十日訖光緒十四年十二月十九日竣工
欽差督辦禮部尚書高陽李鴻藻前署河東河
道總督義州李鶴年前河東河道總督覺羅
成孚河南巡撫望江倪文蔚今河東河道總
督吳縣吳大澂勒石紀之而系以銘曰
河夫力作勞苦之費數年累讀語曰
國家之福河神之佑臣何力之有

547. 鄭工合龍處碑

立石年代：清光緒十四年（1888 年）
原石尺寸：高 286 厘米，寬 76 厘米
石存地點：鄭州市黄河博物館

鄭工堵築决口，經始于光緒十三年十二月二十日，訖光緒十四年十二月十九日竣工。欽差督辦禮部尚書高陽李鴻藻、前署河東河道總督義州李鶴年、前河東河道總督覺羅成孚、河南巡撫望江倪文蔚、今河東河道總督吴縣吴大澂勒石紀之。而系以銘曰：

兵夫力作勞苦久，費帑千萬堵兹口。國家之福，河神之佑，臣何力之有？

〔注〕: 光緒十三年（1887 年）八月，黄河决鄭州下汛十堡東，奪溜由賈魯河入淮，十五州縣受灾，灾民 180 余萬人。河道總督覺羅成孚等分别受懲，新任河道總督李鶴年總理堵口事宜，歷時半年工未成，被革職。清廷又令吴大澂署河東河道總督，接辦堵口工程。吴到任後查勘工程，日夜督工，引進技術，運籌帷幄，終于十二月十九日合龍。鄭州黄河堵口工程宏大，史稱“鄭州大工”。

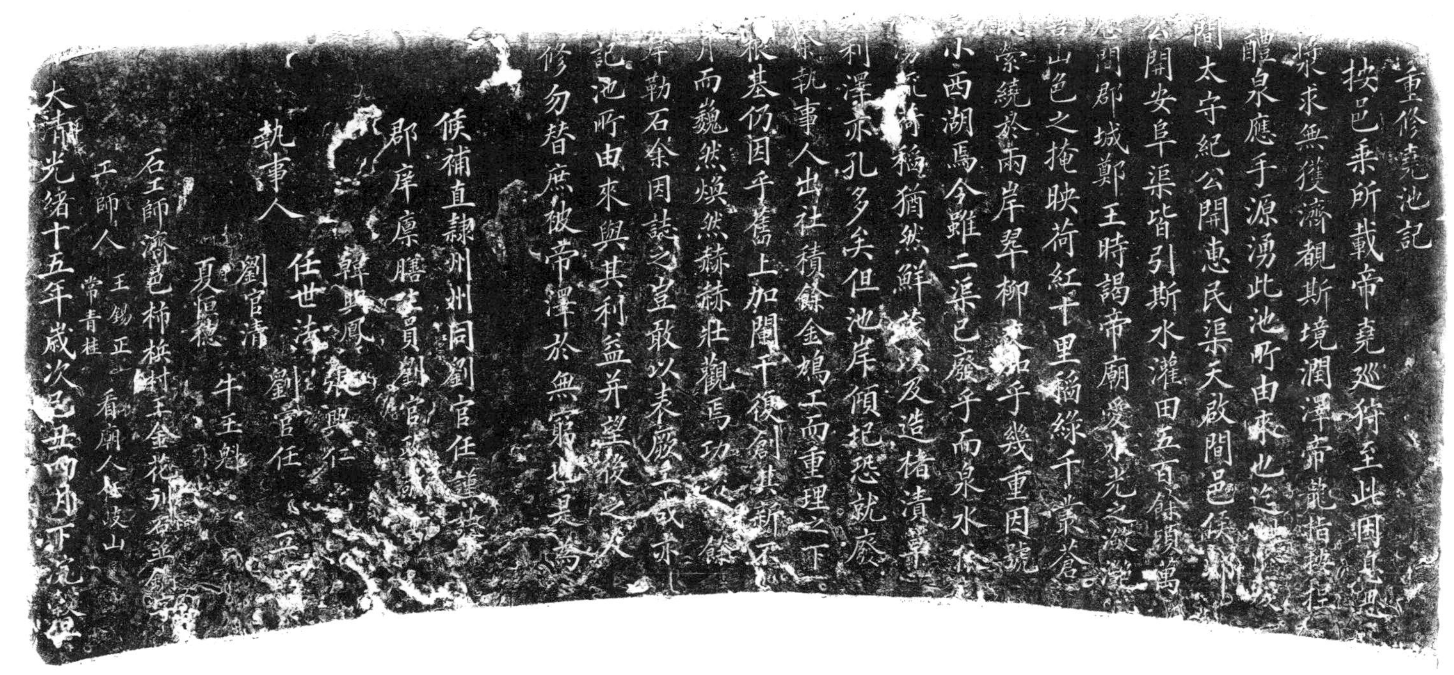

548. 重修堯池記

立石年代：清光緒十五年（1889年）
原石尺寸：高59厘米，寬111.5厘米
石存地點：焦作市沁陽市西向鎮捏掌村堯王廟

按邑乘所載，帝堯巡狩至此，困息思漿，求無獲濟。睹斯境潤澤，帝龍指按捏，醴泉應手源涌。此池所由來也。迄□□□間太守紀公開惠民渠，天啟間邑侯□公開安阜渠，皆引斯水，灌田五百餘頃。萬曆間郡城鄭王時謁帝廟，愛水光之瀲灧，山色之掩映，荷紅十里，稻緑千叢，蒼□縈繞於兩岸，翠柳交加乎幾重，因號小西湖焉。今雖二渠已廢乎，而泉水依□涌流，荷稻猶然鮮茂，以及造楮漬草，□利澤亦孔多矣。但池岸傾圮，恐就廢□。余執事人出社積餘金，鳩工而重理之，下□根基仍因乎舊，上加閘干復創其新。不□月而巍然焕然，赫赫壯觀焉。功竣□餘□岸勒石。余因誌之。豈敢以表厥工哉，亦□記池所由來與其利益，并望後之人□修勿替，庶被帝澤於無窮也。是爲□。

候補直隸州州同劉官任謹誌。

郡庠廪膳生員劉官政敬書。

執事人：韓興鳳、任世法、劉官清、夏恒德、張興仁、劉官任、牛玉魁立。

石工師濟邑柿栝村王金花刊石并鎸字。

工師人：王錫正、常青桂。

看廟人：任岐山。

大清光緒十五年歲次己丑四月下浣穀旦。

創修

重修黄龍廟碑記

且夫天下事由舊則易，創時則難，而創於財寡力微之地則尤難。如石柱村者，寥寥数家，縱有好事之人樂善之心，欲動大衆與大功，豈不憂憂難哉？又創修戲樓三間，修造以必然，而天下知事亦未可量也。有志者事意成。時有善事者奮然倡首，同邨衆捐資募化，共努心力，積散月間，重修黄龍廟一所。斯地也，當滄浪之水清兮者，可以濯我纓也；滄浪之水濁兮者，可以濯我足也。我無是也。東西之衝，南流氣散，畧少停蓄，此庙以鎮五庶，可作中流之砥柱，而為一之保障云。功勒石以誌不朽。

社首　楊清荣施小七百文　常玉和施小六百文　刘萬和施小八百文　彭會金施小六百文　刘玉禄施小六百文
買辦　程大荣施小五百文　桑文生施小五百文
掌賬　楊清保施小五百文　刘玉才施小五百文　桑义川施小五百文

監工　刘玉保施小三百文　張永康施小三百文　楊永生施小三百文
催工　彭会艮施小四百文　桑清房施小三百文　楊永秋施小二百文

嘱管物料　楊付施小四百文　桑义和施小四百文　張赵奇施小四百文
撥手　桑興林施小五百文　桑清安施小三百文　程大安施小三百文

刘萬和施標一条　楊永生施標一条　程大金施小五百文　桑清合施小二百文
楊清荣施標一条　彭会艮施標一条　桑义元施小五百文　桑文月施小二百文
彭会金施標一条　楊永秋施標一条　桑义望施小四百文　桑清起施小二百文
常玉和施標一条　桑清房施標一条　桑义山施小五百文　桑清云施小二百文
刘玉录施標一条　桑义山施標一条　桑文裔施小三百文　桑清得施小二百文
楊清保施標一条　桑义元施標一条　白振先施小三百文　王清奇施小二百文
刘玉才施標一条　程大金施標一条　楊占春施小三百文　桑清府施小二百文
桑义川施標一条　桑义和施標一条　刘玉望施小三百文　刘李艮施小二百文
程大荣施標一条　張赵奇施標一条　桑兴金施小二百五十文　赵九富施小二百文
刘玉保施標一条　程大安施標一条　桑义生施小二百文　楊清富施小二百文
張永慶施標一条　桑興林施標一条　牛聚山施小二百文　常俊坤施小二百文

儒業　河西村　岳永福
撰文　岳興施小二百文
楊見泉施小二百文　程禧施小三百文　楊永旺施小二百文　谷禧云施小一百五十　楊見興施小一百五十　桑中渠施小一百文　赵興云施小二百文　刘萬艮施小一百文

任村鎮　桑步長施大小二百五十
楊清泉施小四百文　張萬全施大小一百文
柳合水小二百五十文
張永存施工四个
張永峰施工兩个
南荒村小二百五十文
刘根才施小二百文
楊占才施小三百文
石報江施小一百文　工兩个
石匠　牛振朝施小五百文　牛文良

木匠　岳掌全　石二子施大小四百文
泥水匠　文礼　楊占鰲施小四百文　楊清祿
金匠　胡善昌施小一百文　程德知施小二百文　戍化賢施小一百五十

大清光緒十六年歲次庚寅三月十五日吉立

549-1. 重修黄龍廟碑記（碑陽）

立石年代：清光緒十六年（1890年）
原石尺寸：高175厘米，寬63厘米
石存地點：安陽市林州市任村鎮石柱村黄龍廟

〔碑額〕：創修

重修黄龍廟碑記

且夫天下事由舊則易，創時則難，而創於財寡力微之地，則尤難。如石柱村者，寥寥数家，縱有好事之人樂善之心，欲動大衆、興大功，豈不戛戛難哉！又創修戲樓三間，修造以必然，而天下知事亦未可量也。有志者事意［竟］成。時有善事者，奮然倡首，同村衆捐資募化，共努心力，積散月間重修黄龍廟一所。斯地也，當滄浪之水清兮者，可以濯我纓也；滄浪之水濁兮者，可以濯我足也。我無是也，東西之衝，南流氣散，略少停蓄。此庙以鎮五庶，可作中流之砥柱，而爲一之保障云。功勒石以誌不朽。

業儒河西村岳永福撰文。

社首：楊青荣施錢七百文，常玉和施錢六百文，刘萬和施錢八百文，彭會金施錢六百文，刘玉禄施錢六百文。買辨：程大荣施錢五百文，桑文生施錢五百文。掌賬：楊清保施錢五百文，刘玉才施錢五百文，桑义川施錢五百文。監工：刘玉保施錢三百文，張永慶施錢三百文，楊永生施錢三百文。催工：彭會艮施錢四百文，桑青房施錢三百文，楊永秋施錢二百文。看管物料：楊付施錢四百文，桑义和施錢四百文，張赵奇施錢四百文。攢手：桑興林施錢五百文，桑清安施錢三百文，程大安施錢三百文。

刘萬和施檁一条，楊清荣施檁一条，彭會金施檁一条，常玉和施檁一条，刘玉录施檁一条，楊清保施檁一条，刘玉才施檁一条，桑义川施檁一条，程大荣施檁一条，刘玉保施檁一条，張永慶施檁一条，楊永生施檁一条，彭會艮施檁一条，楊永秋施檁一条，桑清房施檁一条，桑义山施檁一条，桑义元施檁一条，程大金施檁一条，桑义和施檁一条，張赵奇施檁一条，程大安施檁一条，桑興林施檁一条。

程大金施錢五百文，桑义元施錢五百文，桑义望施錢四百文，桑义山施錢五百文，桑文崙施錢三百文，白振先施錢三百文，楊占春施錢三百文，刘玉望施錢三百文，桑步金施錢二百五十文，桑义生施錢二百文，牛聚山施錢二百文，桑清合施錢二百文，桑文月施錢二百文，桑清起施錢二百文，桑清云施錢二百文，桑清得施錢二百文，王清奇施錢二百文，桑清府施錢二百文，刘李氏施錢二百文，赵九富施錢二百文，楊清富施錢二百文，常伏坤施錢二百文，岳興施錢二百文，楊見泉施錢二百文，程禧施錢二百文，楊永旺施錢二百文，谷禧云施錢一百五十，楊見興施錢一百五十，桑中渠施錢一百文，赵興云施錢一百文，刘步艮施錢百文。任村鎮：楊清泉施錢四百文，柳合水施錢二百五十文，張永存施工四个，張永峰施工两个。南荒村施錢二百五十文。刘振才施錢二百文，楊占才施錢三百文，石報江施錢一百文、施工两个。石匠牛振朝、牛文良，施錢五百文。桑步長施大錢一百五十，張步全施大錢一百文。木匠岳掌全、石二子，施大錢四百文。泥水匠楊文礼、楊占鰲、楊清禄，施錢四百文。金匠：胡善昌施錢一百文，程德知施錢二百文，成化賢施錢一百五十。

大清光緒十六年歲次庚寅三月十五日吉立。

流芳

549-2. 重修黃龍廟碑記（碑陰）

立石年代：清光緒十六年（1890年）
原石尺寸：高175厘米，寬63厘米
石存地點：安陽市林州市任村鎮石柱村黃龍廟

〔碑額〕：流芳

岩河辿：石慶安施錢五百文，陳守和施錢四百文，石慶儒施錢三百文，石抱明施錢三百文，陳金荣施錢三百文，盧錦昌施錢三百文，楊万富施錢三百文，張天富施錢三百文，張天魁施錢三百文，盧錦芳施錢二百五十，張臣伏施錢二百五十，張永仁施錢二百五十，張天振施錢二百五十，桑忠堂施錢二百五十，桑忠花施錢二百五十，桑長安施錢二百五十，楊青秀施錢二百文，盧學才施錢二百文，桑中和施錢二百文，桑中旺施錢二百文，桑中興施錢二百文，桑文和施錢二百文，白玉荣施錢二百文，白玉花施錢二百文，盧聚興施錢二百文，陳國晋施錢二百文。陳國松施錢一百五十，白順施錢一百文，張生存施錢一百文，陳國生施錢一百文，陳國和施錢一百文，陳國行施錢一百文，陳永禎施錢一百文。馬家岩：楊仁施錢六百文，谷金保施錢五百文，谷呈云施錢五百文，谷行云施錢四百文，楊义施錢四百文，李瑞云施錢四百文，楊付施錢三百五十，谷邦學施錢三百五十，谷邦有施錢三百文，谷起云施錢三百文，谷起興施錢三百文，谷近奎施錢三百文，谷永全施錢三百文，谷順云施錢三百文，楊万興施錢二百五十，谷振花施錢二百五十，谷起伏施錢二百文，耿計富施錢二百五十，谷振安施錢二百五十，谷先云施錢二百文，馮玉周施錢二百文，谷貞祥施錢二百文，谷邦魁施錢二百文，谷芦保施錢二百文，王德才施錢二百文，楊貴施錢二百文，谷連云施錢二百文，谷満云施錢二百文，谷聚云施錢二百文，耿太平施錢二百文，楊智堂施錢二百文，李在學施錢二百文，谷振春施錢一百五十，谷天平施錢一百五十，耿紹聚施錢一百五十，谷秀士施錢一百五十，王得盧施錢一百五十，谷振平施錢一百五十，楊青□施錢一百五十，耿义平施錢一百五十，谷明云施錢一百五十，谷振和施錢一百五十，耿紹奎施錢一百五十，耿紹坤施錢一百五十，谷瑞云施錢一百五十，李周甫施錢一百五十，谷秀珍施錢一百五十，谷芳云施錢一百五十，谷荣云施錢一百文，谷振明施錢一百文，趙興青施錢一百文，楊文德施錢一百文，谷才云施錢一百文，付全行施錢一百文，楊生林施錢一百文。柳河水：張永峰施錢四百六十，張永存施錢三百五十，張万全施錢三百五十，張全伏施錢二百五十，成化荣施錢二百五十，申作平施錢二百文，成化賢施錢二百文，申占興施錢一百五十，申占嵩施錢一百五十，耿朝玉施錢一百五十，成化德施錢一百五十，張永仁施錢一百五十，石慶禄施錢一百文，申作貴施錢一百文。石板村：桑步林施錢六百文，桑步奎施錢六百文，刘聚興施錢五百文，刘聚同施錢四百文，刘聚庫施錢四百文，刘聚林施錢三百五十，桑鳳奇施錢三百文，刘法山施錢三百文，桑文魁施錢二百文，刘法安施錢二百文，王慶安施錢二百文，許振平施錢二百文，陳永興施錢二百文，刘聚元施錢二百文，王慶金施錢一百五十，王鳳生施錢一百五十，王狗留施錢一百五十，王長太施錢一百五十，桑文奇施錢一百五十，桑步元施錢一百五十，刘聚付施錢一百五十，刘聚生施錢一百五十，石慶路施錢一百五十，楊文秀施錢一百文，刘玉和施錢一百文，刘聚才施錢一百文，刘聚有施錢一百文，桑步順施錢一百文，梯根杜施錢一百四十八文。本村：桑興林施大檩一條，楊青荣施檩二條，桑义山施廪一條，楊村伏施廪一條，張永慶施廪一條，程大荣施廪一條，程大安施廪一條，刘玉禄施廪一條，趙興云施廪一條，桑文月施廪一條，桑文生施廪一條，常玉和施廪一條，桑义旺施廪一條，刘万和施廪一條，刘玉銀施廪一條，彭會金施廪一條，李秀山施廪一條，程見峰施廪一條，楊青付施廪一條，楊青保施廪一條，張同芝施廪一條，楊付施廪一條，刘万和捐錢五千七百，桑义山捐錢五千五百，趙興云捐錢四千二百，彭会金捐錢三千六百，桑興林捐錢三千五百，楊青荣捐錢三千三百文，常玉和捐錢三千文，程大荣捐錢二千五百文，楊青保捐錢二千五百文，楊富捐錢二千五百文，程大金捐錢二千七百文，李秀山捐錢二千二百文，刘玉禄捐錢二千二百文，張兆奇捐錢二千一百文，刘玉銀捐錢二千文，李秀合捐錢二千文，桑义旺捐錢二千文，桑青安捐錢二千文，桑文生捐錢二千文，楊存伏捐錢二千文，程大安捐錢一千八百文，刘玉才捐錢一千六百文，桑文月捐錢一千六百文，楊青付捐錢一千七百文，石慶安捐錢一千五百五十，刘玉保捐錢一千五百文，刘玉旺捐錢一千五百文，李秀林捐錢一千五百文，刘玉合捐錢一千五百文，桑义生捐錢一千五百文，桑义和捐錢一千五百文，程大銀捐錢一千五百文，桑文崙捐錢一千四百文，桑步金捐錢一千四百文，程見丰捐錢一千四百文，楊永旺捐錢一千三百文，楊永全捐錢一千二百文，刘李氏捐錢一千二百文，桑青房捐錢一千二百文，桑青甫捐錢一千一百文，張同芝捐錢一千文，楊永秋捐錢一千文，楊永生捐錢一千文，張永慶捐錢一千文，桑青奇捐錢一千文，楊見興捐錢一千文，桑青合捐錢一千文，桑青德捐錢一千文，常伏坤捐錢一千文，楊双成捐錢九百文，楊永坡捐錢九百文，谷喜云捐錢八百五十文，石慶坤捐錢八百文，楊見山捐錢八百文，楊見青捐錢八百文，桑青和捐錢八百文，楊永青捐錢二百文，牛聚山捐錢三百文。

女化：桑門谷氏子义春、常門桑氏子伏恒、桑門彭氏子义山、張門岳氏子兆奇、刘門白氏子甲寅、石門刘氏子拴明、楊門刘氏子万金、陽門楊氏子永全、石門郭氏子來存、程門靳氏子万富、程門楊氏子征祥、彭門常氏子会金、刘門谷氏子玉合、楊門陳氏子見山、桑門陳氏子义和、程門桑氏子王存、桑門靳氏子彭存、刘門楊氏子獅子、刘門申氏、楊門張氏孫章子。李門黄氏、桑門刘氏子耿鎖、楊門陳氏子安成、楊門桑氏子永坡、桑門常氏子步金、桑門刘氏子青開、桑門陳氏子青芳、桑門張氏子毛但、桑門張氏子陽子、楊門申氏、桑門李氏子青德、刘門李氏、桑門張氏子張鎖、趙門陳氏子榜子、刘門張氏子玉禄、張門石氏、谷門楊氏子楊保、程門陳氏、陽門程氏、桑門張氏子張栓。

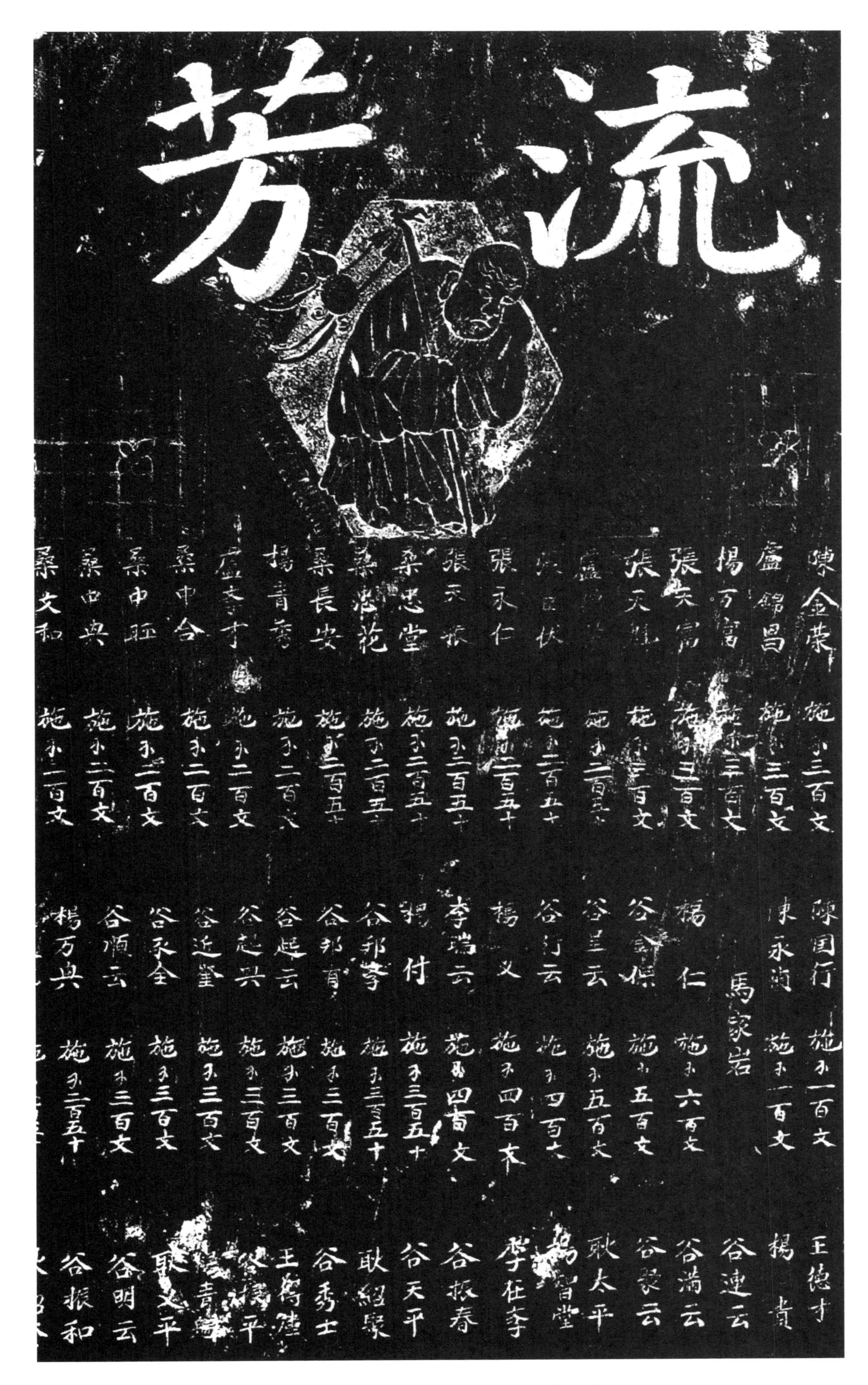

《重修黄龍廟碑記（碑陰）》拓片局部

蓋聞莫為之前雖美弗彰莫為之後雖盛弗傳是前人之創舉有賴後人之經營即禮所謂有其
舉之無或廢也祀典 五祀山川之外其有功於民者皆祀之雲行雨施 龍神之有裨於民者
淺鮮哉 境舊有
龍王廟一所不知創自何時前已重修數次代遠年湮風雨飄侵鳥鼠穿鑿棟樑榱桷墻皆崩而
瓦皆鮮廟宇慘淡 聖像顏殘里中父老觸目驚心慨然動重修之念承領社首序派衆役及妥化
手募化二年積累資財至十五年始鳩工庀材命匠修大殿基及頂依舊更新戲樓嫌其狹
隘增其式廓以及拜殿七聖祠一概修葺焉至秋落成黄彩色鳥革飛翬 聖像煥然廟貌輝
煌不獨壯觀瞻已也勒之貞珉庶不沒衆善之意云
大清光緒十六年

550. 重修龍王廟碑記

立石年代：清光緒十六年（1890 年）
原石尺寸：高 146 厘米，寬 69 厘米
石存地點：安陽市林州市任村鎮南豐村龍王廟

蓋聞莫爲之前，雖美弗彰；莫爲之後，雖盛弗傳。是前人之創舉，有賴後人之經營，即禮所謂有無舉之，無或廢也。祀典曰：五祀山川之外，其有功於民者皆祀之。雲行雨施，龍神之有裨於民者，豈淺鮮哉。本境舊有龍王廟一所，不知創自何時，前已重修數次，代遠年湮，風雨蝕侵，鳥鼠穿鑿，榱將朽而棟將摧，墻皆崩而瓦皆解，廟宇慘淡，聖像頹殘。里中父老觸目驚心，慨然動重修之念。承領社首序派衆役，及安化手募化，二年積累資財。至十五年春，始鳩工庀材，命之繕修大殿，由基及頂，依舊更新。戲樓嫌其狹隘，增其式廓，以及拜殿、七聖祠，一概修葺焉。至秋厥告成，丹黄彩色，鳥革飛翬，聖像燦爛，廟貌輝煌，不獨壯觀瞻已也。勒之貞珉，庶不没衆善之意云。

後學張清貴撰文，後學張維□書丹。

社首：張永□捐錢二千文，張□學捐錢一千七百文，張□文捐錢一千三百文，劉美□捐錢八百文，張未□捐錢□百文，張應□捐錢一千文，劉□□捐錢一千文。總管：張茂□、刘□才，捐錢八百文。李士□捐錢一千文，劉衛□捐錢一千文，張敬泉捐錢一千二百文。管賬：張厚仔捐錢一千六百文，張興元捐錢五百文，張□花捐錢□□文。張攄合捐錢三百文，張立興捐錢二百文，張永合捐錢二百文，張交云捐錢二百文，張太乾捐錢二百文，張家忠捐錢二百文，張□奇捐錢二百文，張林捐錢二百文，張桀文捐錢二百文，刘玉大捐錢二百文，張金起捐錢二百文，張士□捐錢二百文，張聚和捐錢一百五十，刘行之捐錢二百文，張全伏捐錢一百五十，刘行善捐錢三百文，張士廉捐錢二百文。

木匠：張永貴、張永松、桑敬合、桑青圍、王金庫，同施錢五百文。泥水匠：桑照心、桑青枝，錢八百。金匠：高心來施錢五百文。石匠：魏永保施錢五百文。□匠：張□□施錢二百文。起上：刘万林捐錢二百文，張永安捐錢三百文，□□生。

大清光緒十六年□月穀旦。

大清

漕規碑記

從來法之無越舊章者自率由而莫易事之有關大義者雖捐軀亦不辭吾

洛漕米合勺成升四碗起頭其弊多端今經李延華李廷滿京控兄弟同[illegible]

案下蒙

皇上欽差大臣薛[illegible]二公訊明洛陽大粮共六萬兩千五百七十五兩漕米共壹千二

二百八十五石每正銀十兩扣漕一升零四勺七撮每升扣錢二十五文[illegible]

堂面諭永不准合勺成升四碗起頭亦不准出執照錢仍照每十五文舊章

完納嗣後藩台復諭每米十石[illegible]折[illegible]銀三兩折收錢六千八百文每粮銀

一兩扣漕二升三合二勺每升折錢六十八文合洛皆遵此完納但恐其世

遠年湮其并後生罔會通合縣各捐[illegible]資勒諸貞珉以著李氏之識行在此

吾洛之人心云　冊書工食向無此例姑念伊等貧[illegible]

粮銀一兩爲出錢八十文出粮食者秋夏各半升以示體卹

光緒十[illegible]年[illegible]十[illegible]日[illegible]合洛紳民公立

551. 漕規碑記

立石年代：清光緒十六年（1890 年）
原石尺寸：高 163 厘米，寬 60 厘米
石存地點：洛陽市孟津區朝陽鎮朝陽村

〔碑額〕：大清

漕規碑記

從來法之無越舊章者，自率由而莫易；事之有關大義者，雖捐軀亦不辭。吾洛漕米合勺成升，四碗起頭，其弊多端。今經李延華、李延涌京控，兄弟同死案下，蒙皇上欽差大臣恩薛二公訊明：洛陽大粮共六萬两千五百七十五兩，漕米共壹千二百八十五石，每正銀一兩，扣漕二升零四勺七撮，每升扣錢二十五文，當堂面諭，永不准合勺成升，四碗起頭；亦不准出執照錢，仍照二十五文舊章完納。嗣後藩台復諭：每米一石，上解費銀三兩，折收錢六千八百文，每粮銀一兩，扣漕二升三合三勺，每升折錢六十八文，合洛暫遵此完納。但恐其世遠年湮，其弊復生，因會通合縣各捐囊資，勒諸貞珉，以著李氏之義行，并見吾洛之人心云。册書工食向無此例，姑念伊等貧窮，在官合縣公議：每粮銀一兩，爲出錢八十文；出粮食者，秋夏各半升，以示體恤。

光緒十六年十二月穀旦合洛紳民同立。

552. 南招民莊築嶺碑記

立石年代：清光緒十七年（1891 年）
原石尺寸：高 134 厘米，寬 59 厘米
石存地點：新鄉市鳳泉區大塊鎮西招民村

〔碑額〕：永垂

南招民庄築嶺碑記

邑南招民庄下墬區也，每逢大雨時行，山水北來，沁流西至，洪波泛濫，数月不乾，不但秋禾難熟，且致種□無期。生斯土者，苦難堪矣。己丑秋，邑侯淩大老爺勘灾及此，民瘼所關，深爲太息。因向□公而諭之曰：爾等屢被水患，曷弗築嶺以自衛乎？李君春山等慨然任之，遂約合村商議，凡地係横畛，自爲興築，嶺上樹木仍屬地主。係順畛，捐資置買，而地之未頂嶺者，每地一畒，帮築一丈，嶺上出産，亦備公項支用，嗣後嶺有損壞，均照舊□修理。□規議定，奮力□興，則一時歡欣鼓舞，孰不賴李君之董勸哉。事既竣，囑余爲記，余才學淺陋，素不諳於文詞，但如其所言者而述之，俾後之人鉴於此而嗣修焉，庶不負創始者之苦衷云。□村西東一嶺，底寬一丈四尺，高四尺五寸。南北嶺底寬一丈五尺，高五尺。村北東西底寬二丈，高五尺五寸。□北嶺南頭買□法興地，寬五弓，長九十三弓三尺，折民糧六分五厘。再北者買吴鳳林地，寬四弓三尺，長一百二十六弓四尺，折民糧七分二厘。

損嶺偷樹者罰錢一千文。

邑人廩膳生員石振聲撰文。

首事：李春山、陳其明、李成山、李興仁、李花山、李中山、李天禄。

古共葛有花刻石。

光緒十七年歲次辛卯季春之吉。

皇清

553. 重修湯帝廟碑記

立石年代：清光緒十七年（1891 年）
原石尺寸：高 190 厘米，寬 63 厘米
石存地點：焦作市温縣北冷鄉西南冷小學院内湯帝廟

〔碑額〕：皇清

重修湯帝廟碑記

竊聞鄉村立廟，大抵補風水之偏，非徒快鄉村之目。殿宇無嫌乎多，造修務求其巧。非故奢也，不如是則衆不知尊；非好華也，不如是則衆不□□。故代代相因，世世重修，藉以保障一方，永荷神庥焉。南冷村乾方舊有湯帝及各神廟一座，不知開創伊始，歷考諸石，見夫金、元、明迭相重修。迨至國朝，重修者且屢屢矣。道光壬寅迄今，將五十年，鳥鼠日侵，風雨□□，兼咸豐三年賊匪擾亂，房屋傾頽，神像污壞。月復一月，歲復一歲，而棟折榱崩，土崩瓦解，規模雖在，非復從前，有㠶孔碩。噫！斯時也。非有□□□後之善士，則斯廟幾湮没矣。己丑之夏，至聖廟工新告竣，鄉人畢集。拜碑之暇，衆北望而咨嗟曰：否泰循環，周而復始。我村湯帝廟尚云未否極乎？不識何時始泰來？僉曰：有志者事竟成。慎行侯公已畢至聖廟之工，是役也，非其人不行，或曰：是非至聖廟，此一人難荷重□。僉又曰：士廣李公樸實有餘，佐侯公者，此其選也。於是五社繼舉各首事，三五不一，既比户而樂輸，復計畝而均派，間有外村募化，多寡如願。是秋□月，土木并興，前後正殿四、拜殿三、左右配殿二、戲樓一、東西道房久廢而從新建造，鐘鼓兩樓破敗而趁勢補完。金妝神像，繪畫墻壁，凡從前將湮没者，焕然一新。庚寅冬工將告竣，父老屬余以爲序，余不敏，迫於鄉黨親族之命，無所逃罪。然商王之聖德，經傳悉載，若三官、關帝、孫真、廣生及諸神聖，或有事實可考，或有威靈可驗，固非庇群黎而使相安於耕鑿，余敢畫蛇添足，致挂一而露［漏］萬哉？謹將是廟之泰而否，否而泰者，敬叙而勒於石，以垂不朽云。

本鄉邑庠生李咸熙撰文，本鄉欽加五品銜賞戴藍翎太學生李養元書丹。

總執事：德壽、耆老李士廣、欽加衛兵總衔太學生侯慎行。

執事：□成儒、李玉芳、李明哲、秦禄興、婁太元、職君童、李經心、張榮山、李相酉、李清剛、登仕左郎王棟、李懷德、職光熙、李士九、李恒山、李振剛、李相太、邑庠生李榮熙、劉克禮、貢生李□志、樊紀□……李守金……

皇清光緒拾柒年歲次辛卯三月穀旦。

皇清
修白馬渡口船碑
經理
楊京仁
孟榮昌
李林
鄉地
共收錢壹百肆拾柒仟六百文
共化錢壹百伍拾壹仟六百文
燕宗賢
薛禮
光緒十八年歲次壬辰清和月中浣
谷旦

554. 修白馬渡口船碑

立石年代：清光緒十八年（1892 年）
原石尺寸：高 114 厘米，寬 47 厘米
石存地點：洛陽市洛寧縣澗口鄉張村寨村

〔碑額〕：皇清
修白馬渡口船碑
濟超乘輿。
共收錢壹百肆拾柒仟六百文，共化錢壹百伍拾壹仟六百文。
經理：楊京仁、執事亭孟榮昌、李林平、蕭逢虎共施錢肆仟文。
鄉地：王天定、吉棟梁、衛凌彪、燕宗賢、薛禮、楊茫成。
石工：薛金盛、薛武盛。
光緒十八年歲次壬辰清和月中浣谷旦。

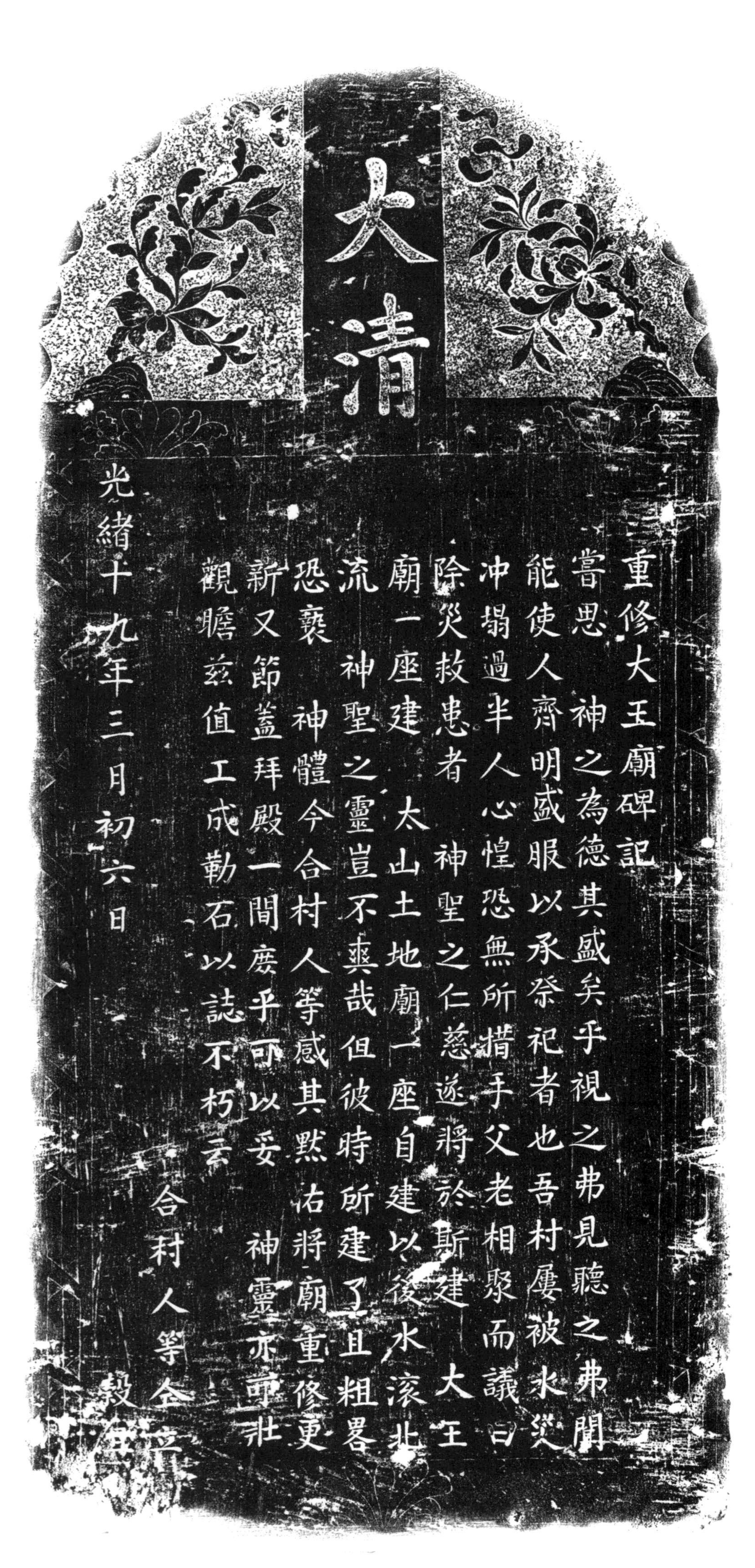
大清

重修大王廟碑記

嘗思神之為德其盛矣乎視之弗見聽之弗聞能使人齊明盛服以承祭祀者也吾村屢被水災冲塌過半人心惶恐無所措手父老相聚而議曰除災救患者神聖之仁慈遂將於斯建大王廟一座建太山土地廟一座自建以後水滚北流神聖之靈豈不爽哉但彼時所建了且粗畧恐褻神體今合村人等感其默佑將廟重修更新又節蓋拜殿一間庶乎可以妥神靈亦可壯觀瞻兹值工成勒石以誌不朽云

合村人等仝立

光緒十九年三月初六日穀旦

555. 重修大王廟碑記

立石年代：清光緒十九年（1893 年）
原石尺寸：高 104 厘米，寬 48 厘米
石存地點：洛陽市宜陽縣錦屏鎮黄龍廟村大王廟

〔碑額〕：大清

重修大王廟碑記

嘗思神之爲德其盛矣乎，視之弗見，聽之弗聞，能使人齊明盛服，以承祭祀者也。吾村屢被水灾，冲塌過半。人心惶恐，無所措手。父老相聚而議曰：除灾救患者，神聖之仁慈。遂將於斯建大王廟一座，建太山土地廟一座。自建以後，水滃北流，神聖之靈，豈不爽哉！但彼時所建了且粗略，恐褻神體，今合村人等感其默佑，將廟重修更新，又節蓋拜殿一間，庶乎可以妥神靈，亦可壯觀瞻。兹值工成，勒石以誌不朽云。

合村人等同立。

光緒十九年三月初六日穀旦。

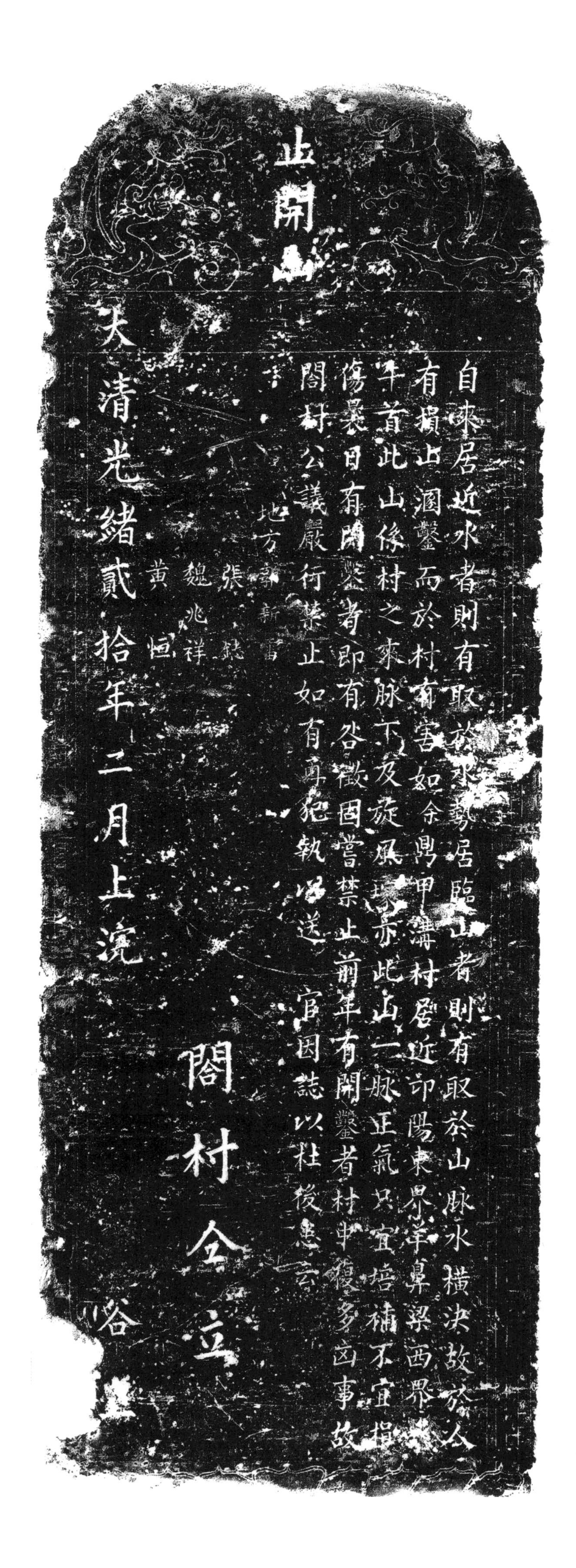

止開山

自來居近水者則有取於水勢居臨山者則有取於山脉水橫決故於人
有損山澗鑿石於村有害如余男甲溝村居近卬陽東界苹鼻梁西界[illegible]
午首此山係村之來脉下及旋風塚亦此山一脉正氣只宜培補不宜損
傷曩日有開鑿者即有咎徵因嘗禁止前年有開鑿者村中復多凶事故
閻村公議嚴行禁止如有再犯執以送官因誌以杜後患云

地方鄉 新雷
張 銑
魏兆祥
黃 恒

閻村全立

大清光緒貳拾年二月上浣 穀旦

556. 止開山碑記

立石年代：清光緒二十年（1894 年）
原石尺寸：高 150 厘米，寬 50 厘米
石存地點：洛陽市孟津區平樂鎮丁溝村

〔碑額〕：止開山

自來居近水者則有取於水勢，居臨山者則有取於山脉。水横决，故於人有損；山涸鑿，而於村有害。如余鼎甲溝村，居近邙陽東界，羊鼻梁西界，□牛首此山係村之來脉，下及旋風塚，亦此山一脉。正氣只宜培補，不宜損傷。曩日有開鑿者即有咎徵，固嘗禁止。前年有開鑿者，村中復多凶事，故閤村公議，嚴行禁止，如有再犯，執以送官。因誌，以杜後患云。

地方：郭新雷、張鋕、魏兆祥、黄恒。

闔村同立。

大清光緒貳拾年二月上浣谷旦。

黎陽城外草斑斑可是黄河
舊曲灣神禹不來慚下策
尚書枉記大伾山
甲午冬十月過濬縣道中口占　文冲

557. 浚縣大伾山詩刻

立石年代：清光緒二十年（1894 年）
原石尺寸：高 58 厘米，寬 146 厘米
石存地點：鶴壁市浚縣大伾山

黎陽城外草斑斑，可是黄河舊曲灣。神禹不來憐下策，尚書枉記大伾山。
甲午冬十月過浚縣道中，口占文冲。

林同山

蓋聞莫為之前雖美弗彰莫為之後雖盛弗傳我村舊有府君龍神廟二所自創立以來屢經修造迄今又歷有年矣風飄雨灑幾棟折而榱崩月蝕日浸復基頹而址廢況其彩落精消古屋之龍蛇漫誇燦爛自爾顏枯貌槁上界之色相莫放毫光則整理之所宜急而補葺之不可緩也爰有善士李成者一念感發千古流芳因詔本社社首宋永聚、副首王加賓等與之謀曰曩者修理西屋禪房地基狹隘有本社人李文安慷慨不吝願施地七尺寬以廣其制至今猶未刻石則李君之善不幾湮沒而不彰乎予欲補修廟宇粧塑神像同為垂文以傳於後未知若何社副首等亦忻然感嘆願輔其事而董其成然而是舉也欲募化十方恐刻期而莫待欲捐貲五社又力弱而難成於是止戲七臺按戶均輸奈出多入寡不給其用使補助無人則九仞之山不將虧於一簣乎幸也有願輸者二十九人又各自捐納以益其不足自夏徂秋不數月而功成告峻神像廟宇復煥然維新焉因之勒石銘功以垂不朽云爾

文生牛青雲撰文　文童王永冠校閱　文童蕭玉堂書丹

香名地畝共來錢壹百九十四千[illegible]百三十一文

修理開光共花費錢一百[illegible]千二百三十一文

除花費下空錢八千四百文

五村共來捐錢八千[illegible]文

李茳捐錢四百文　李炉　曹鏡　王府

李寺明　常德　宋永聚　李日森　李繼昌

牛子祥　李修文　社首李明　副首李成　蕭永安

蕭永蘭　李仁　李聚銀　王魁　副首常秀　李漢文

王興　路春各捐錢叁百文　韓興各捐錢伍百文　任吉各捐錢叁百文　趙起平

王興各捐錢叁百文　常法

牛得淮各捐錢貳百文

木工李興唐　畫工郝德成

瓦工張文蒼　部金法

王祥　工李茳

刻石李鎮羣　蕭永祿

大清光緒二十年歲次甲午臘月既望穀旦

558. 重修府君廟龍神廟碑記

立石年代：清光緒二十年（1894 年）
原石尺寸：高 145 厘米，寬 57 厘米
石存地點：安陽市林州市合澗鎮小寨村府君廟

〔碑額〕：林同山

蓋聞莫爲之前，雖美弗彰；莫爲之後，雖盛弗傳。我村舊有府君、龍神廟二所，自創立以來，屢經修造，迄今又歷有年矣。風飄雨灑，幾棟折而榱崩；月蝕日浸，復基頹而址廢。况其彩落精消，古屋之龍蛇漫誇燦爛；自爾顔枯貌槁，上界之色相莫放毫光。則整理之所宜急，而補葺之不可緩也。有善士李成者，一念感發，千古流芳。因詔本社社首宋永聚、副首王加賓等，與之謀曰：曩者修理西屋禪房，地基狹隘，有本社人李文安慷慨不吝，願施地七尺寬，以廣其制，至今猶未刻石，則李君之善，不幾湮没而不彰乎？予欲補修廟宇，妝素神像，同爲垂文，以傳於後，未知若何？社首、副首等亦忻然感嘆，願輔其事而董其成。然而是舉也，欲募化十方，恐刻期而莫待；欲捐資五社，又力弱而難成。於是止戲七臺，按户均輸。奈出多入寡，不給其用，使補助無人，則九仞之山不將虧於一簣乎？幸也有願輸者二十九人，又各自捐納，以益其不足。自夏阻秋，不數月而功成告竣。神像、廟宇復焕然維新焉。因之勒石銘功，以垂不朽云爾。

文生牛青雲撰文，文童王永冠校閲，文童蕭玉堂書丹。

李茝捐錢四百文。李守明、牛子祥、蕭永蘭、王興，各捐錢叁百文。李炉、常德、李修文、李仁、路春，各捐錢三百文。

社首：曹鏡、宋永聚、李明、李聚銀、韓興，各捐錢伍百文。副首：王府、李日森、李成、王大魁、任吉，各捐錢叁百文。副首：李絥昌、蕭永安、李漢文、常秀、趙起平、常法、牛得淮，各捐錢貳百文。

香名地畝共來錢壹百九十四千二百三十一文，修理、開光共花費錢二百零二千二百三十一文。除花費，下空八千四百文。五村共來捐錢八千四百文。

木工李興唐，瓦工張文蒼、王祥，□□□□□，刻石李煒群、蕭永禄。画工郝德成、許全法、李茝。

大清光緒二十年歲次甲午臘月既望穀旦。

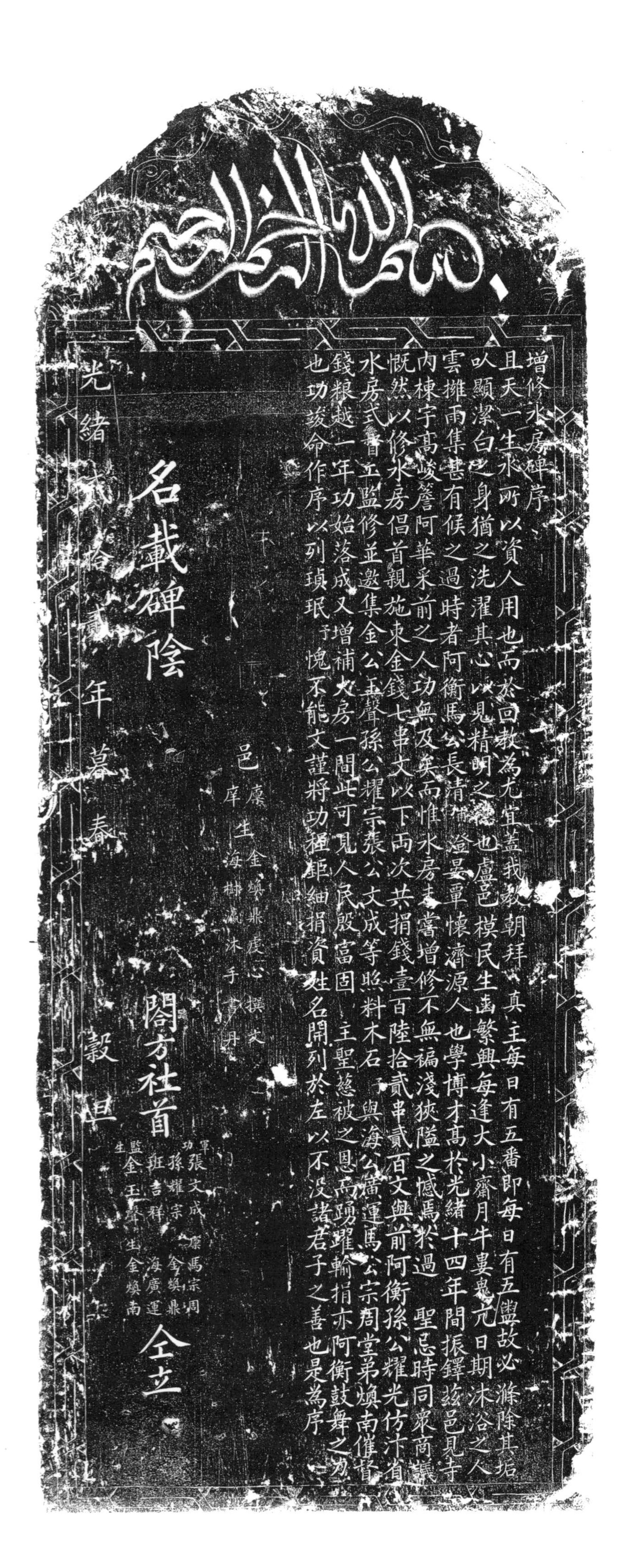
增修水房碑序
且天一生水所以資人用也而於回教為尤宜蓋我教朝拜 真主每日有五番即每日有五盥故必滌除其垢
以顯潔白之身猶之洗濯其心以見精明之德也盧邑模民生齒繁興每逢大小齋月牛婁鬼亢日期沐浴之人
雲攤雨集甚有候之過時者阿衡馬公長清甫澄旻覃懷濟源人也學博才高於光緒十四年間振鐸茲邑見寺
內棟宇高峻簷阿華采前之人功無及矣而惟水房未嘗增修不無褊淺狹隘之憾焉於過 聖忌時同衆商議
慨然以修水房倡首親施東金錢七串文以下兩次共捐錢壹百陸拾貳串貳百文與前阿衡孫公耀光仿汴省
水房式晉立監修並邀集金公玉聲孫公耀宗張公文成等照料木石予與海公廣運馬公宗周堂弟煥南催督
錢糧越一年功始落成又增補大房一間此可見人民殷富固 主聖慈被之恩而踴躍輸捐亦阿衡鼓舞之力
也功竣命作序以列瑣珉予愧不能文謹將功程鉅細捐資姓名開列於左以不沒諸君子之善也是為序
邑廩生金煥鼎虔心撰文
庠生海樹瀛沐手書丹
名載碑陰
閤方社首
軍功張文成 廩馬宗周
孫耀宗 金煥鼎
班吉祥 海廣運
監生金玉聲 生金煥南
仝立
光緒貳拾貳年暮春穀旦

559. 增修水房碑序

立石年代：清光緒二十二年（1896 年）
原石尺寸：高 177 厘米，寬 67 厘米
石存地點：三門峽市盧氏縣上寺廟

增修水房碑序

且天一生水，所以資人用也，而於回教爲尤宜。蓋我教朝拜真主，每日有五番，即每日有五盥，故必滌除其垢，以顯潔白之身，猶之洗濯其心，以見精明之德也。盧邑模民生齒繁興，每逢大小齋月，牛婁鬼亢日期，沐浴之人雲擁雨集，甚有候之過時者。阿衡馬公長清甫澄晏，覃懷濟源人也，學博才高，於光緒十四年間，振鐸茲邑，見寺内棟宇高峻，檐阿華采，前之人功無及矣。而惟水房未嘗增修，不無褊淺狹隘之憾焉。於過聖忌時，同衆商議，慨然以修水房倡首，親施束金錢七串文，以下兩次共捐錢壹百陸拾貳串貳百文，與前阿衡孫公耀光仿汴省水房式，督工監修。并邀集金公玉聲、孫公耀宗、張公文成等照料木石。予與海公廣運、馬公宗周、堂弟焕南催督錢粮。越一年功始落成，又增補火房一間，此可見人民殷富，固主聖慈被之恩，而踴躍輸捐，亦阿衡鼓舞之力也。功竣命作序，以列瑣珉，予愧不能文，謹將功程巨細、捐資姓名開列於左，以不没諸君子之善也。是爲序。

邑廩生金焕鼎虔心撰文，邑庠生海樹瀛沐手書丹。

名載碑陰。

閤方社首：軍功張文成、孫耀宗、班吉祥、監生金玉聲、廩生馮宗周、金焕鼎、海廣運、金焕南同立。

光緒貳拾貳年暮春穀旦。

560. 幫挑河道碑

立石年代：清光緒二十二年（1896 年）
原石尺寸：高 110 厘米，寬 45 厘米
石存地點：焦作市沁陽市西向鎮南作村文公廟

〔碑額〕：帮挑河道碑

告示

欽加同知銜、署理懷慶府河内縣事、分缺間補用縣正堂、加三級、紀録十次龔爲出示曉諭事：

照得常樂村應挑澇河安阜寺河工二段頗長，甫經衆□民……顾查南作村係鄰屬近，經本縣剴切勸導，該首事秦德禎等慷慨急公，願帮常樂村挑河玖拾丈，大有救□恤鄰之意，該村民人亦當顧全大局，毋得猶存阻撓，致於未便再此□帮挑河工，本非□□，後不得據以爲例，各宜遵照勿違。特示。

遵右仰通知。

管事：秦□□、秦□德、秦以□、秦克□、秦克有、秦尚法、秦庭萱、王□全、□玉林、王金□、衛慶□。

光緒二十二年四月初二日。告示。實貼南作村兩□。

561. 大寨底重修觀音堂碑誌

立石年代：清光緒二十二年（1896年）

原石尺寸：高144厘米，寬58厘米

石存地點：焦作市博愛縣寨豁鄉大底村龍王五神廟

從來一家殷實，莫不有屋宇，□門彰焉；一社興隆，莫不有廟宇，焕發兆焉。大寨底物阜財豐，豈□□先輩於村東里許修有朝陽寺，村南山嶺修有龍王洞，村中修有觀音堂，村來脉處修有五神殿。非甚盛觀，規模粗具，足徵鄉衆善心，實爲合社保障然。莫爲之後，雖盛弗傳，兹有賈君、葛君、王君等，聚金鳩工，更修佛寺殿廟觀音堂頂，并大小管房各頂。工程告竣，求叙於余，以誌合社并四方親友善念。余不能文，又焉能叙？聊述數言，勒諸貞珉，永垂不朽云。

邑庠生葛育曾撰并書丹。

并修西□門花墻花費錢一百六十五千五百文，東西兩窑得地主□拾千零二百三十文，賣樹錢三十一千文，共捐錢壹百零四千二百，每年積錢十三千四百五十三文。

瓦工馬德全刻。

掌神賈全旺錢一千七百八十文，主神葛皋山錢二千三百五十六文，王會□錢二千一百零四文，王九田錢一千七百九十六文，葛益魁錢一千三百零四文，水官葛益芳錢二千五百零八文，林光法錢一千四百文，葛全順錢一千四百零四文，葛益才錢一千二百八十四文，王會明錢一千五百零八文，王九霄錢一千三百四十文，賈全盛錢一千二百六十四文，葛義和錢一千九百六十文，王九錫錢一千六百七十二文，王九萬錢一千零八十文，葛全德錢六千六百二十四文，王會文錢五千六百八十四文，葛育傑錢三千七百六十四文，賈保貞錢二千七百七十六文，王瑞林錢一千文，葛果穩錢三千二百七十二文，林光禄錢二千三百零四文，葛益廣錢一千八百零八文，賈存仁錢一千九百九十六文，葛益富錢一千八百六十文，王九哲錢一千六百二十八文，賈存才錢一千六百五十六文，王守禄錢一千七百五十二文，葛義增錢一千七百二十四文，葛義純錢一千六百三十六文，葛全生錢一千六百八十八文，葛全仁錢一千八百零八文，葛全礼錢一千一百一十二文，葛全智錢一千二百五十七文，葛全常錢一千五百三十六文，王九常錢一千五百九十六文，王會毛錢一千五百二十文，葛益新錢一千四百八十二文，葛果明錢一千四百四十八文，王九全錢一千四百二十八文，王九楝錢一千三百五十七文，王九苞錢一千三百三十四文，王九朝錢一千三百零二文，王會思錢一千二百一十二文，賈保魁錢一千一百八十四文，葛益明錢一千一百四十二文，王九齡錢一千一百二十四文，林傳習錢一千零八十文，葛益元錢一千零六十文，賈保矢錢一千零二四文，王彭氏錢九百五十八文，王全法錢九百三十六文，葛果元錢九百零八文，王鳳楼錢九百六十文，王九來錢六百四十文，賈復太錢七百七十文，王九達錢八百八十八文，賈保廉錢八百四十文，王懷聚錢五百七十六文，賈全平錢五百七十六文，王鳳台錢四百八十文，王會通錢四百一十六文，葛益温錢四百八十文，葛益旺錢三百八十文，葛全福錢二百五十文，毋天仁錢三百三十文，毋天銀錢三百二十文。高谷堆布施：龍王社錢一千二百文，三元社錢四百文。朝陽寺布施：張興瑞錢四百文，連兆福錢四百文，王通興錢四百文，葛益真錢四百文，刘保凤錢四百文，靳福來錢四百文，張三錢四伯文，張興仁錢四伯文，葛一花錢四百文，林光義錢六十四文。

皇清光緒二十二年歲次丙申小陽月下浣穀旦閤社立。

夏岣嶁碑筆法奇古洵為百代
冠撫豫使者劉樹堂書立吹臺
大清光緒丁酉余月中澣穀旦

（一）

（二）

（四）

（三）

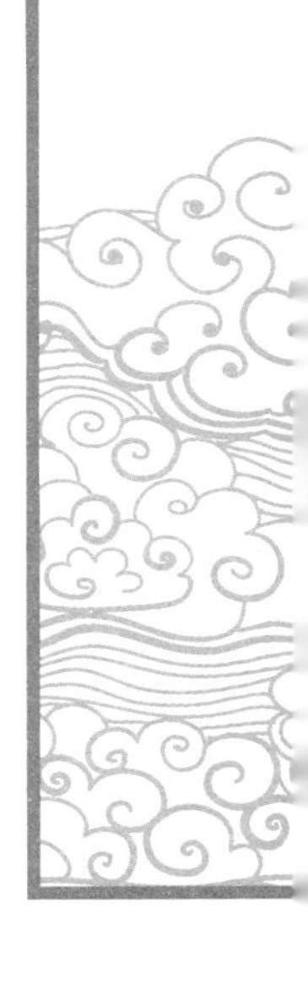

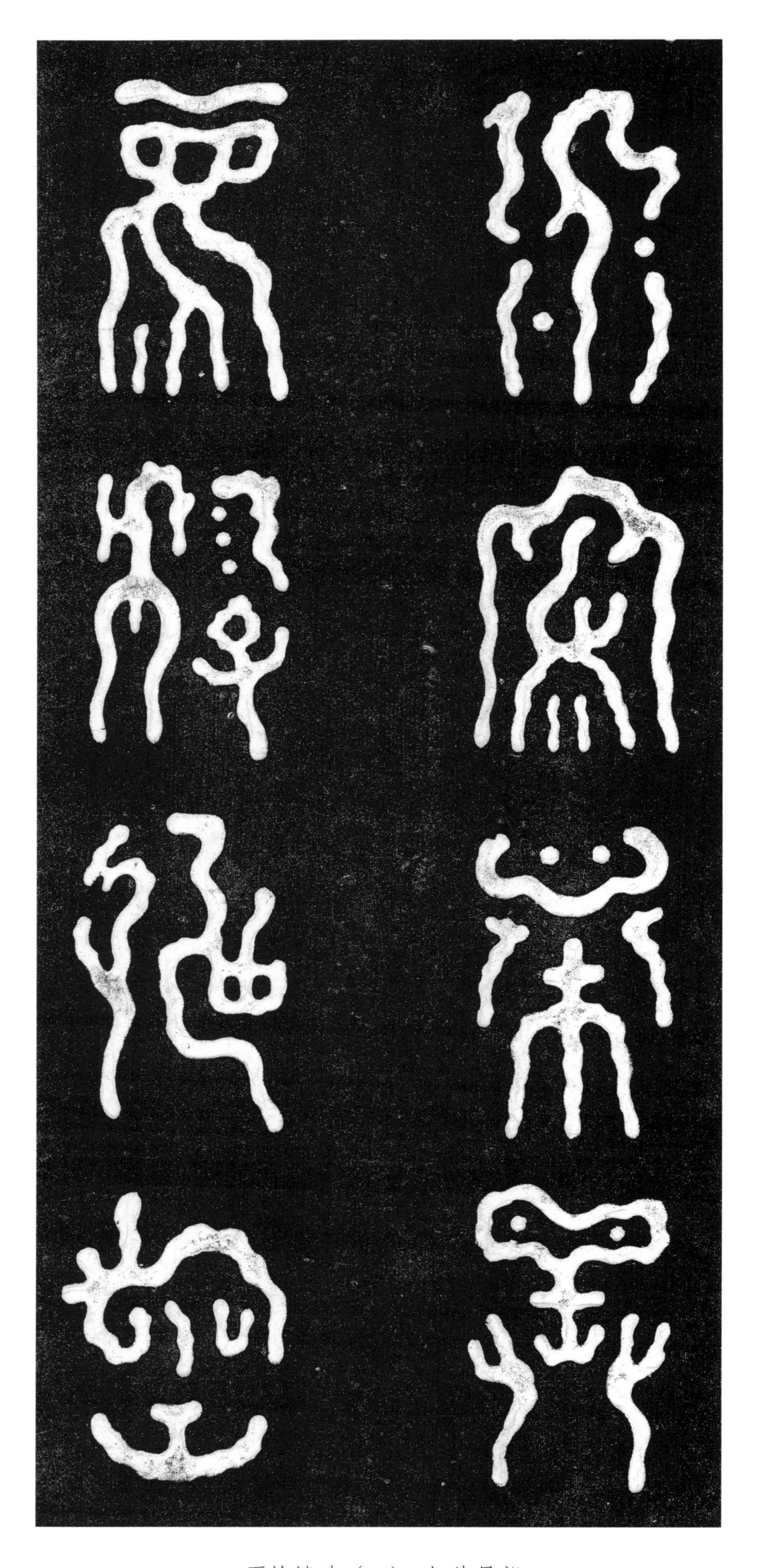

《夏岣嵝碑（三）》拓片局部

562. 夏岣嶁碑

立石年代：清光緒二十三年（1897 年）
原石尺寸：高 200 厘米，寬 35 厘米
石存地點：開封市禹王臺

〔注〕: 岣嶁碑,亦稱爲“禹碑”“禹王碑”“大禹功德碑”。原刻于湖南省境内南嶽衡山岣嶁峰,故稱“岣嶁碑”。相传此碑爲頌揚夏禹遺迹。关于岣嶁碑的釋文，歷代不一，尚無定論。此碑爲清代撫豫使者劉樹堂書，清光緒二十三年立于開封吹臺（禹王臺)。

碑後跋云：“夏岣嶁碑，筆法奇古，洵爲百代冠。撫豫使者劉樹堂書，立吹臺。大清光緒丁酉余月中澣穀旦。”

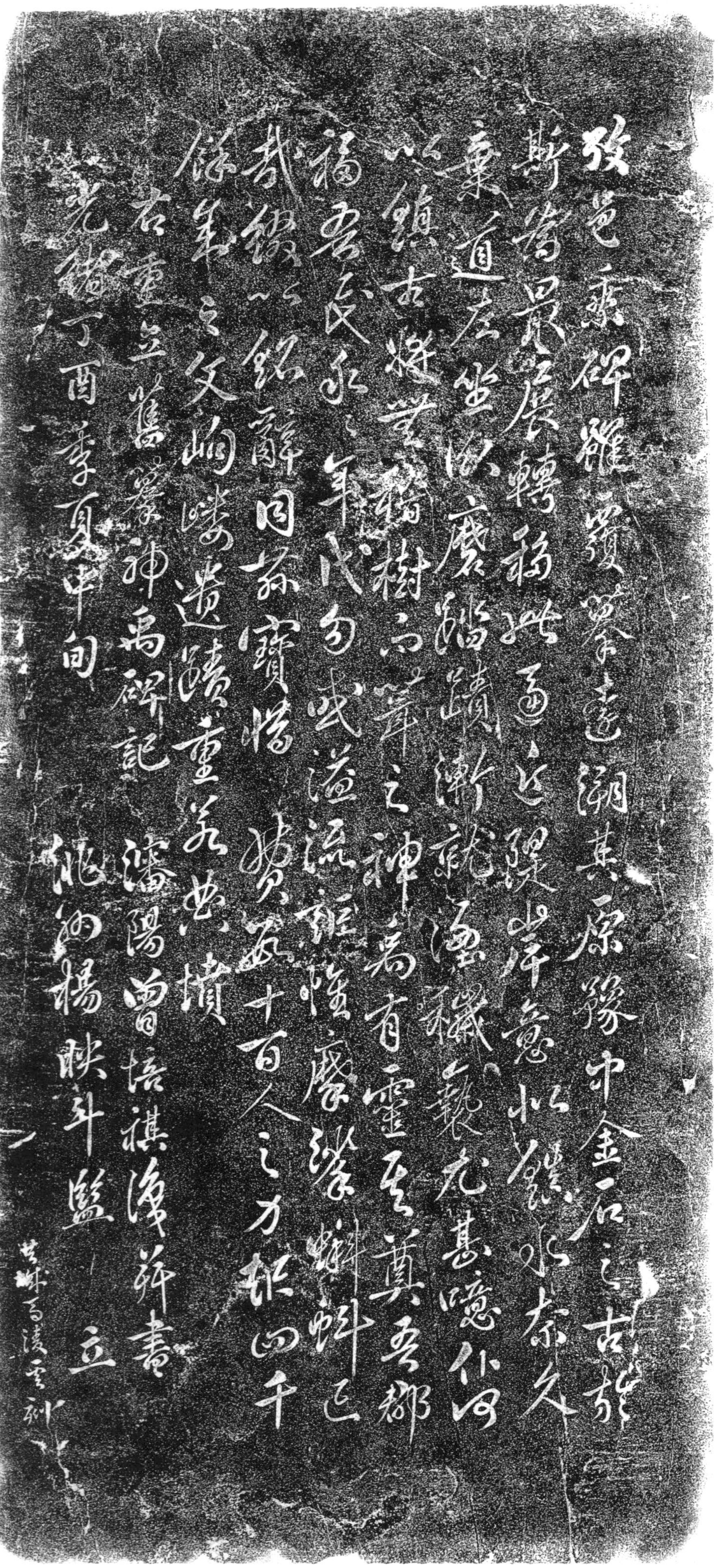

563. 重立舊纂神禹碑記

立石年代：清光緒二十三年（1897 年）
原石尺寸：高 204 厘米，寬 100 厘米
石存地點：新鄉市衛輝市徐氏家祠

考邑乘，碑雖覆摹，遠溯其原，豫中金石之古，於斯爲最。展轉移此，逼近堤岸，意似鎮水。奈久弃道左，坐卧磨踏，迹漸就湮，穢褻尤甚。噫！仆何以鎮，古將無稽，樹而葺之。神禹有靈，至奠吾都，福吾民。永永年代，勿或溢流，詎惟摩挲蝌蚪已哉。綴以銘辭，同荪寶惜。費數十百人之力，起四千餘年之文，岣嶁遺迹，重若典墳。

右重立舊摹神禹碑記，潘陽曾培祺□并書，洮州楊映斗監立，共城高凌雲刻。

光緒丁酉年夏中旬。

永垂不朽

重修封邱城隍廟記

冥司禍福之說儒者弗道然欲使愚夫愚婦有所懾而不敢為惡者則與之言道德仁義每不如與之言禍福是故天堂地獄轉迴超度一切怪誕不經之談世俗奉若神明報賽禳祈必誠必戒及問名義所在莫能指其說之何從夫神道設教或可補教化所不及至若城隍載在祀典春秋致祭乃亦依附於怪誕不經之談而不求其名義所在豈非儒者之恥乎按城隍之名肇於周易泰卦大戴禮天子大蜡八其七曰水庸庸城也水隍也有合於捍災禦患之義則祀之也固宜顧古未有廟吳赤烏二年始建於蕪湖越晉唐祀寖廣逮宋建隆後其祀遍天下明初為壇以祭加封號都曰王郡曰公州曰侯縣曰伯尋詔停封號仍建廟宇國有大災則告祭焉在王境者王主之在郡州縣者守令主之

國朝因之典至隆也封邑

城隍廟創自明洪武五年洪治萬歷間修葺者再

國初順治九年河決廟毀重建之乾隆六年復加修理迄今垂百六十餘年矣風雨剝蝕又將傾圮邑人士惧無以妥神靈而肅瞻視也謀新於邑侯山陰謝公葆榮捐廉倡其首募及城市鄉里廿六社爭踴躍樂輸共捐貲得若干爰鳩工庀材自正殿而寢室而兩廊旁及樂舞鐘鼓各樓若廣生殿者舉舊制而煥然一新邑紳張君銳孝廉董其事黃君文運國學張君桂國國學等贊襄之經始於甲午之春落成於丁酉之夏向之榱題不備者至是而乐楠得宜矣向之闇晦無色者至是而雕埡改觀矣瞻神像之莊嚴仰明威而怵惕凡善者必益堅其志作惡者必益禔其䁱度其精神氣象應有與廟貌俱新者則豈非修葺之功有以肅斯人之耳目也哉功之所至名亦隨之後之溯厥顛末者僉曰基址所在某先生之所創建也殘缺重完某先生之所補葺也規模式廓某先生之所續修也則先生等均將不朽即忝為傳記者亦與有光榮焉若夫世俗禍福之說則仍付之神道設教存而不論可矣是為序

封邱訓導壬午舉人樊振家沐手敬譔

邑廩生邊濟仁沐手敬書

賞戴花翎在任候補直隸州特授封邱縣知縣謝葆榮捐銀壹百五拾兩

封邱縣儒學正堂莫秀升捐錢貳仟文

封邱縣儒學副堂樊振家捐錢貳仟文

城守營趙世祿捐錢貳仟文

封邱縣右堂張倬捐錢伍仟文

謝任署內義善堂捐五拾兩

謝任署內門政捐錢捌仟文

大清光緒二十有三年歲在丁酉夏月穀旦立

564-1. 重修封丘城隍廟記（碑陽）

立石年代：清光緒二十三年（1897 年）
原石尺寸：高 231 厘米，寬 72 厘米
石存地點：新鄉市封丘縣王村鄉廟崗村使君祠

〔碑額〕：永垂不朽

重修封丘城隍廟記

冥司祸福之説，儒者弗道。然欲使愚夫愚婦有所攝而不敢爲惡者，則與之言道德仁義，每不如與之言祸福。是故天堂地獄，轉迴超度，一切怪誕不經之談，世俗奉若神明，報賽禳祈，必誠必戒。及問名義所在，莫能指其説之何從。夫神道設教，或可補教化所不及。至若城隍載在祀典，春秋致祭，乃亦依附於怪誕不經之談，而不求其名義所在，豈非儒者之耻乎？按城隍之名，肇於《周易・泰卦》。《大戴禮》天子大蜡八，其七曰：水庸庸城也，水隍也。有合於捍灾禦患之義，則祀之也固宜。顧古未有廟。吴赤烏二年，始建於蕪湖。越晋唐，祀寖廣。逮宋建隆後，其祀遍天下。明初爲壇以祭，加封號都曰王、郡曰公、州曰侯、縣曰伯，尋詔停封號，仍建廟宇，國有大灾，則告祭焉，在王境者王主之，在郡州縣者守令主之。國朝因之，典至隆也。封邑城隍廟創自明洪武五年。洪［弘］治、萬曆間，修葺者再。國初順治九年，河决廟毁，重建之。乾隆六年，復加修理。迄今垂百六十餘年矣，風雨剥蝕，又將傾圮。邑人士惧無以妥神靈而肅瞻視也，謀新於邑侯山陰謝公葆榮，捐廉倡其首，募及城市、鄉里，廿六社争踴躍樂輸，共捐資得若干。爰鳩工庀材，自正殿而寢室，而兩廊，旁及樂舞、鐘鼓各樓若廣生殿者，舉舊制而焕然一新。邑紳張君鋭孝廉董其事，張君柱國國學、黄君文運國學等贊襄之，經始於甲午之春，落成于丁酉之夏。向之榱題不備者，至是而宊桷得宜矣；向之闇晦無色者，至是而雕堊改觀矣。瞻神像之莊嚴，仰明威而怵惕，作善者必益堅其志，作惡者必益褫其魄。度其精神氣象，應有與廟貌俱新者，則豈非修葺之功，有以肅斯人之耳目也哉！功之所至，名亦随之，後之溯厥顛末者，僉曰：基址所在，某先生之所創建也；殘缺重完，某先生之所補葺也；規模式廓，某先生之所續修也。則先生等均將不朽，即忝爲傳記者，亦與有光榮焉。若夫世俗禍福之説，則仍付之，神道設教，存而不論可矣。是爲序。

封邱訓導壬午舉人樊振家沐手敬撰，邑廩生邊濟仁沐手敬書。

賞戴花翎在任候補直隸州特授封邱縣知縣謝葆榮捐銀壹百五拾兩，封邱縣儒學正堂莫秀升捐錢貳仟文，封邱縣儒學副堂樊振家捐錢錢貳仟文，城守營趙世禄捐錢貳仟文，封邱縣右堂張倬捐錢伍仟文，謝任署内義善堂捐銀五拾兩，謝任署内門政捐錢捌仟文。

大清光緒二十有三年歲在丁酉夏月穀旦立。

永垂不朽

564-2. 重修封丘城隍廟記（碑陰）

立石年代：清光緒二十三年（1897 年）
原石尺寸：高 231 厘米，寬 72 厘米
石存地點：新鄉市封丘縣王村鄉廟崗村使君祠

〔碑額〕：永垂不朽

□□□捐錢肆拾千文，興泰典捐錢肆拾千文，人和典捐錢肆拾千文，興源公捐錢壹百伍拾千文，中遠堂捐錢貳拾千文，世德和捐錢拾五千文，恒德昌捐錢拾五千文，德盛號捐錢拾五千文，全泰仁捐錢拾五千文，同昌行捐錢拾千文，聚陞成捐錢拾千文，合盛玉捐錢拾千文，天聚德捐錢拾千文，文運合捐錢拾千文，劉三義捐錢拾千文，德昌裕捐錢捌千文，瑞隆昌捐錢捌千文，文林茂捐錢捌千文，孫福順捐錢捌千文，隆興公捐錢捌千文，金泰順捐錢捌千文，公泰號捐錢捌千文，慶元涌捐錢陸千文，大生坊捐錢伍千文，成德堂捐錢伍千文。同裕公捐錢五千文，仁和號捐錢五千文，泰順樓捐錢五千文，同心坊捐錢五千文，永順坊捐錢五千文，同茂坊捐錢伍千文，永茂泉捐錢陸千文，全義永捐錢五千文，三合坊捐錢五千文，榮和樓捐錢五千文，吉勝同捐錢五千文，吉勝益捐錢五千文，允成號捐錢五千文，義盛坊捐錢五千文，義俊昌捐錢五千文，奉和公捐錢四千文，聚香齋捐錢四千文，李桐文捐錢四千文，中和樓捐錢四千文，美順成捐錢四千文，裕興同捐錢四千文，宴賓樓捐錢叁千文，東萬和捐錢叁千文，聚生坊捐錢叁千文，同和樓捐錢叁千文，泰陞堂捐錢叁千文。聚盛和捐錢叁千文，德裕永捐錢叁千文，聚興和捐錢叁千文，永順烟店捐錢叁千文，泉茂恒捐錢叁千文，義和恒捐錢叁千文，李澍捐錢叁千文，□生堂捐錢叁千文，兆興泰捐錢叁千文，聚源館捐錢叁千文，永遠□店捐錢叁千文，永順號捐錢叁千文，孫廷玉捐錢叁千文，慶雲齋捐錢貳千文，合盛樓捐錢貳千文，雙盛合捐錢貳千文，恒瑞昌捐錢貳千文，義聚行捐錢貳千文，郝成功捐錢貳千文，褚盛堂捐錢貳千文，聚盛號捐錢貳千文，榮茂布店捐錢貳千文，榮兆成捐錢貳千文，全興□行捐錢乙千九百文，玉盛車鋪捐錢乙千五百文，同興秝鋪捐錢乙千五百文。德盛成捐錢乙千五百文，同順衣店捐錢乙千五百文，德興裕捐錢乙千五百文，元泰公捐錢乙千五百文，馬有才捐錢乙千五百文，振陞店捐錢乙千五百文，李清雲捐錢乙千五百文，邊愷捐錢乙千五百文，公聚染店捐錢乙千五百文，温興盛捐錢乙千五百文，祥泰昌捐錢乙千五百文，劉清高捐錢乙千五百文，翟省儒捐錢壹千文，義盛同捐錢壹千文，復興恒捐錢壹千文，仁和順捐錢壹千文，經盛車鋪捐錢壹千文，泰陞坊捐錢壹千文，蘇同盛捐錢壹千文，致盛車鋪捐錢壹千文，富順齋捐錢壹千文，中茂恒捐錢壹千文，福隆昶捐錢壹千文，松泰坊捐錢壹千文，李正明捐錢壹千文，張美捐錢壹千文。宋春林捐錢壹千文，萬佩廷捐錢壹千文，李廷香捐錢壹千文，萬寶樓捐錢壹千文，同泰行捐錢壹千文，義盛同捐錢壹千文，高興順捐錢壹千文，同順興捐錢壹千文，四義公捐錢壹千文，雷益捐錢壹千文，劉玉海捐錢壹千文，鄭南文捐錢壹千文，德昌竹店捐錢壹千文，松盛號捐錢壹千文，中昇坊捐錢壹千文，新盛合捐錢壹千文，西萬和捐錢五百文，鄭玉其捐錢六百六十文，同慶公捐錢五百文，唐金重捐錢五百文，同興秝鋪捐錢五百文，公義和捐錢五百文，源盛染店捐錢五百文，董順捐錢五百文，徐長春捐錢五百文，張震三捐錢五百文。孟傳生募化錢四千五百文，王植桓捐錢壹千文，李冠三捐錢壹千文，李全捐錢壹千文，户糧房捐錢拾千文，庫房捐錢捌千文，漕糧房捐錢陸千文，兵房捐錢陸千文，□房捐錢叁千文，刑房捐錢貳千文，雜行房捐錢貳千文，禮房捐錢乙千五百文，倉

房捐錢壹千文，六班捐錢五拾千文，賈桂捐錢叁千文。賈色社：韓寨捐錢乙千乙百文，東辛庄捐錢貳千五百文，牛寨捐錢拾千文，拒堌捐錢貳拾千零六百文，油坊庄捐錢叁千九百文，大岸捐錢四千三百文，東王庄捐錢貳千五百文。西吴社：新安店捐錢五千文，後車厢捐錢四千貳百文，梁固捐錢陸千貳百文，山庄捐錢壹千八百文，柏寨捐錢叁千七百文。東吴社：大里薛捐錢拾叁千文，車王村捐錢拾八千三百文，東吴村捐錢七千七百文，蔡村捐錢四千文，聶村捐錢貳千九百五十文，小里薛捐錢九千九百文，永頭捐錢捌千三百文，野城捐錢貳千文，馮村集捐錢九千九百文，後馮村捐錢陸千七百文，車營捐錢叁千文。黄陵社：齊寨捐錢叁千貳百文，大山呼捐錢拾貳千乙百文，李寨捐錢貳千六百文，魏寨捐錢陸千四百文，前劉店捐錢乙千五百文，于寨捐錢叁千八百五十文，白王捐錢九千四百文。北侯社：後寨捐錢拾貳千四百文，留光集捐錢捌千六百文，辛店捐錢拾千文，北侯社捐錢六千文，短堤捐錢貳千九百文。沙堌社：安集捐錢叁千文，沙堌橋捐錢四千文，小沙捐錢貳千文，后河捐錢拾千零乙百文，小李村捐錢貳千乙百文，老安庄捐錢拾叁千文，閆村庄捐錢四千四百文。李雄社：耿村捐錢伍千九百文，劉庄捐錢拾千壹百文，師窑捐錢壹千五百文，屯禮捐錢叁千四百文，周口捐錢五千六百文，潘庄捐錢貳千零六百文，鹽林庄捐錢九千叁百文，朱劉村捐錢陸千貳百文，黑堌捐錢拾壹千八百文，崔庄捐錢四千叁百文，薛庄捐錢貳千文，辛庄捐錢柒百文，常庄捐錢叁千貳百文。時文社：朶村捐錢七千九百五十文，北王庄捐錢陸千三百文，小城捐錢伍千三百文，居厢捐錢貳千文，馬寨捐錢拾五千三百文，瓦窯捐錢拾千文，紀店捐錢貳千文。史固社：南范捐錢伍千文，石樓捐錢四千八百文，馬房捐錢拾壹千三百文，孫馬台捐錢伍千貳百文，宋馬台捐錢拾千三百文，東史固捐錢四千三百文，吴村集捐錢貳千八百文，陳固集捐錢拾叁千一百五十文，李馬台捐錢拾千九百文，三里庄捐錢壹千文。

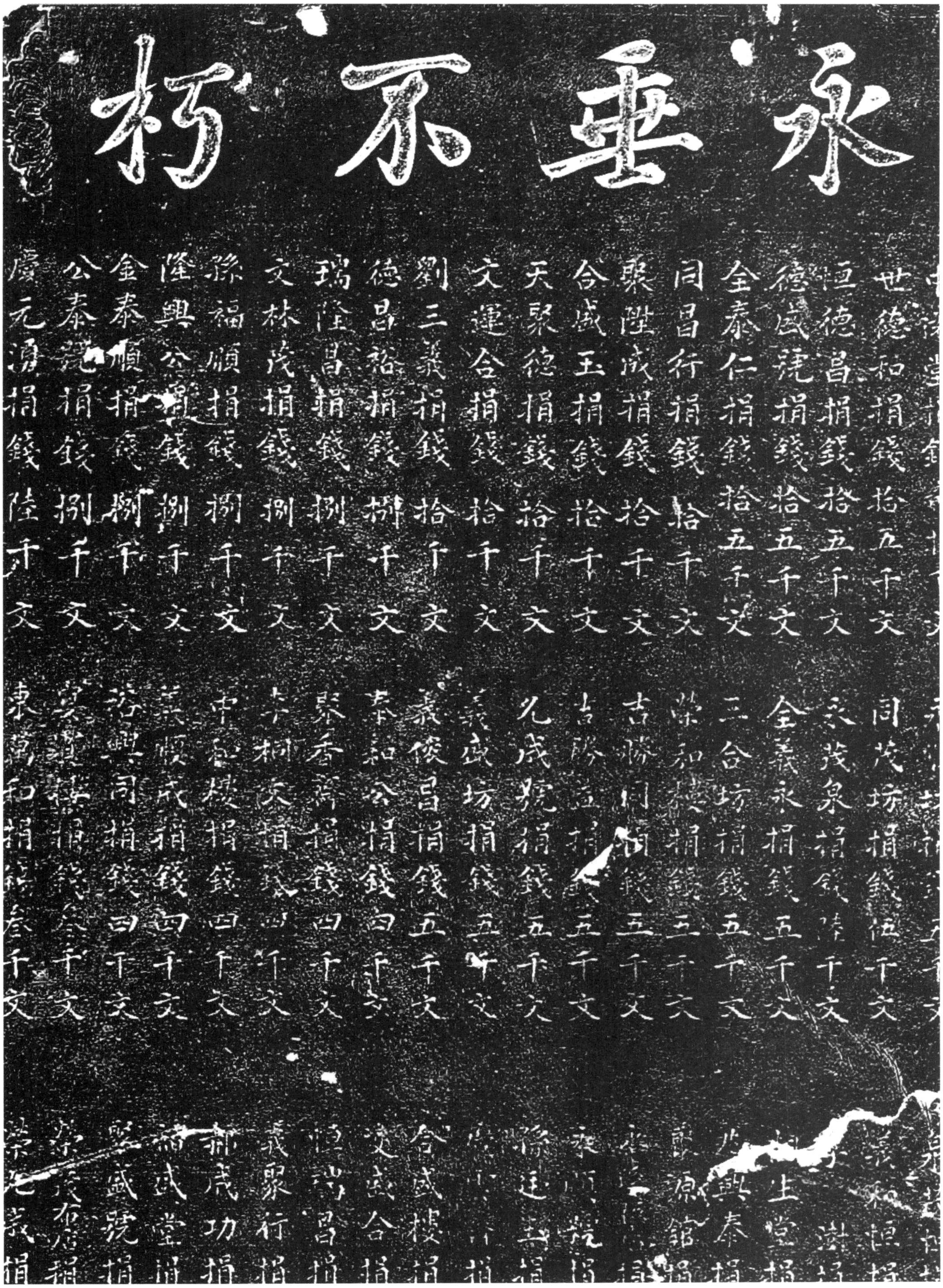

《重修封丘城隍廟記（碑陽）》拓片局部

河山鎖鑰
重修衛輝府城工記
昔康叔封衛為王室屏藩礪山帶河金湯鞏固至東魏復立城郭於兹千餘年来迭有建置舊基周六里高三丈
廣如之明萬曆間潞藩建邸拓南城增之共八里七十步外甎内土以舊濠為宮沼開地道與城外之水通焉
國朝順治以来頻遭水患城圮者屢矣歷經修築久載志乘光緒壬辰六月大雨兼旬衛河漲溢初恃護城隄為
保障既而洪流奔放直薄城闉西門礟臺已塌陷其三北關隄口復沖決其五登陴四望汪洋無際而波濤汹湧
浸浸乎將有灌城之虞居民惶惶不可終日惟時
府憲曾公督飭委官紳晝夜露立風雨中隨時搶護賴以無患復捐廉派員踰城跨舟救災庶賑飢民一城既得
乂安四境咸蒙拯濟月餘水落城垣滲浸既久殘缺益甚特請帑以工代賑選派委紳修城浚池訪知北關洩水
舊渠疏之使積潦漸歸於河於是負郭之田涸而農事播種興矣還甓之路通而工程次第舉矣礟臺基址易甎
為石水道柵欄補苴罅漏橋梁完固溝壘整齊外隄内徑悉加版築經始於壬辰仲冬落成於癸巳孟秋九閱月
而蕆事是役也度材聚實寓賑於工四鄉無力役之征屬無科派之擾崇墉仡仡雉堞磷磷豈徒郡邑壯觀瞻一
實為民生謀保障且於畿輔固屏藩也是為記
賜進士出身花翎河南衛輝府知府曾培祺督修
光緒二十有三年歲次丁酉孟秋之月既望吉日承修委員提舉銜河南候補布政司經歷楊映斗奉撰并書

565. 重修衛輝府城工記

立石年代：清光緒二十三年（1897 年）
原石尺寸：高 183 厘米，寬 68 厘米
石存地點：新鄉市衛輝市博物館

〔碑額〕：河山鎖鑰

重修衛輝府城工記

昔康叔封衛，爲王室屏藩，礪山帶河，金湯鞏固。至東魏復立城郭於兹，千餘年來，迭有建置。舊基周六里，高三丈，廣如之。明萬曆間，潞藩建邸，拓南城，增之共八里七十步，外甎内土，以舊濠爲宫沼，開地道與城外之水通焉。國朝順治以來，頻遭水患，城圮者屢矣，歷經修築，久載志乘。光緒壬辰六月，大雨兼旬，衛河漲溢，初恃護城堤爲保障，既而洪流奔放，直薄城闉，西門礮臺已塌陷其三，北關堤口復冲决其五，登陴四望，汪洋無際，而波濤洶涌，浸浸乎將有灌城之虞，居民惶惶不可終日。惟時府憲曾公督印委官紳晝夜露立風雨中，随時搶護，賴以無患。復捐廉派員逾城跨舟救灾，庶賑飢民，一城既得乂安，四境咸蒙拯濟。月餘水落，城垣滲浸既久，殘缺益甚，特請帑以工代賑，選派委紳，修城浚池。訪知北關泄水，舊渠疏之，使積潦漸歸於河。於是負郭之田涸，而農事播種興矣；運甓之路通，而工程次第舉矣。礮臺基址易甎爲石，水道栅欄補苴罅漏，橋梁完固，溝壘整齊，外堤内徑悉加版築。經始於壬辰仲冬，落成於癸巳孟秋，九閲月而蕆事。是役也，度材覈實，寓賑於工，四鄉無力役之征，□屬無科派之擾。崇墉仡仡，雉堞磷磷，豈徒郡邑壯觀瞻，實爲民生謀保障，且於畿輔固屏藩也。是爲記。

承修委員提舉銜河南候補布政司經歷楊映斗奉撰并書。

賜進士出身花翎河南衛輝府知府曾培祺督修。

光緒二十有三年歲次丁酉孟秋之月既望吉日。

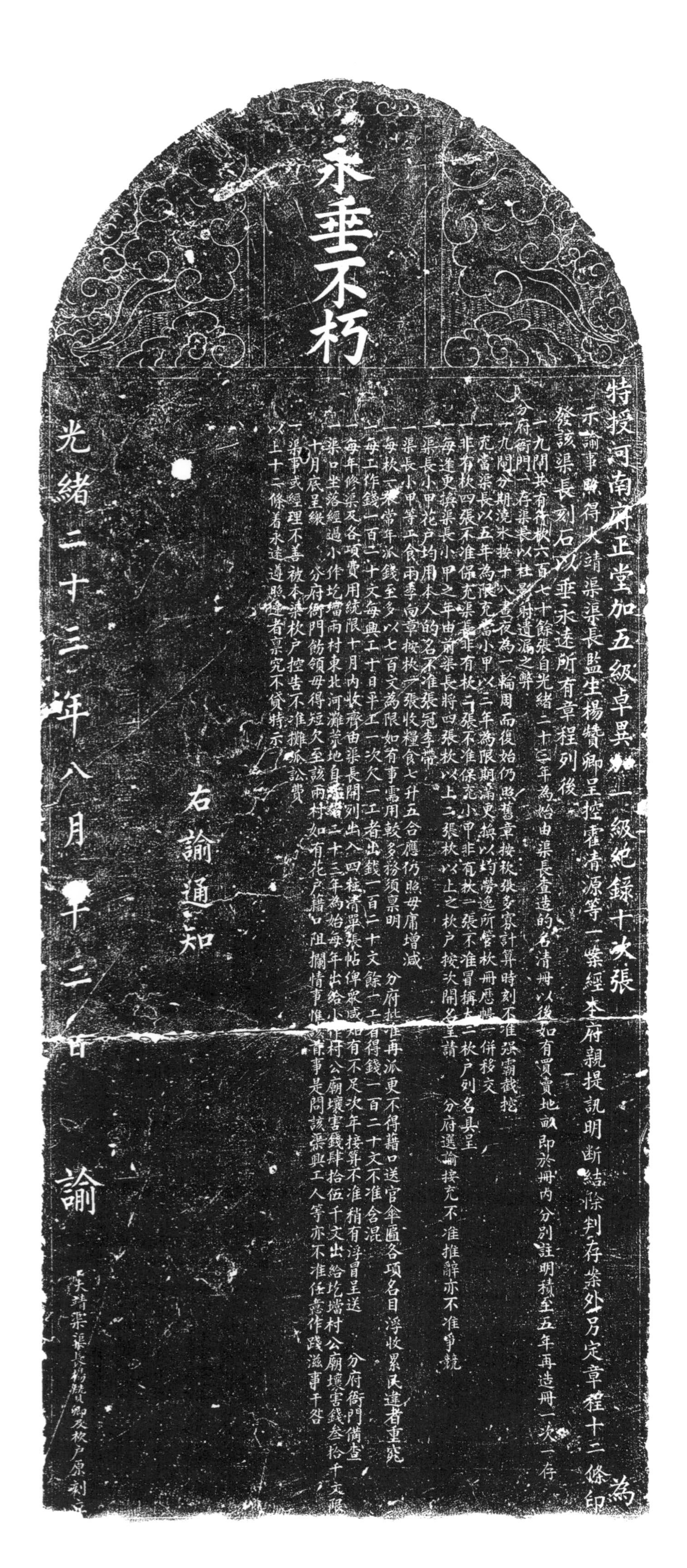

永垂不朽

特授河南府正堂加五級卓異加一級紀錄十次張　為
示諭事。照得大靖渠渠長監生楊贊卿呈控霍清源等一案，經本府親提訊明斷結，除判存案外，另定章程十二條，印
發該渠長刻石以垂永遠。所有章程列後：
一、九閘共有秋六百七十餘張，自光緒二十三年為始，由渠長查造的名清冊，以後如有買賣地畝，即於冊內分別註明，積至五年再造冊一次，一存
分府衙門，一存渠長，以杜影射遺漏之弊。
一、九閘分期澆水，按十八晝夜為一輪，周而復始，仍照舊章按秋張多寡計算時刻，不准强霸截挖。
一、充當渠長以五年為限，充當小甲以三年為限，期滿更換，以均勞逸，所管秋冊歷帳一併移交。
一、非有秋四張不准保充渠長，非有秋二張不准保充小甲，非有秋一張不准冒稱大二秋戶列名具呈。
一、每逢更換渠長小甲之年，由前渠長將四張秋以上、二張秋以上之秋戶挨次開名呈請　分府選諭接充，不准推辭，亦不准爭競。
一、渠長小甲花戶均用本人的名，不准張冠李帶。
一、渠長小甲等工食，由本渠向章按秋一張收糧食七升五合，應仍照，毋庸增減。
一、每秋一張常年派錢至多以七百文為限，如有事需用較多，務須禀明　分府批准再派，更不得藉口送官傘匾各項名目浮收累民，違者重究。
一、每工作錢一百二十文，每興工十日平工一次，欠一工者出錢一百二十文，餘一工者得錢一百二十文，不准含混。
一、每年修渠及各項費用，統限十月內收齊，由渠長開列出入四柱清單張帖，俾衆咸知，如有不足，次年接算，不准稍有浮冒，呈送　分府衙門備查。
一、渠口坐落經過小作坨墻兩村東北河灘荒地，自光緒二十三年為始，每年出給小作村公廟壞害錢肆拾伍千文，出給坨墻村公廟壞害錢叁拾千文，限
十月底呈繳　分府衙門飭領，毋得短欠。至該兩村如有花戶藉口阻攔情事，惟該渠是問；該渠興工人等，亦不准任意作踐滋事干咎。
一、渠事或經理不善，被本渠秋戶控告，不准攤派訟費。
以上十二條，着永遠遵照，違者查究不貸，特示。

右諭通知

光緒二十三年八月十二日　諭

大靖渠渠長楊贊卿及秋戶原刻立

566. 大靖渠章程十二條

立石年代：清光緒二十三年（1897 年）
原石尺寸：高 147 厘米，寬 59 厘米
石存地點：洛陽市洛龍區關林

〔碑額〕：永垂不朽

特授河南府正堂加五級、卓异加一級紀録十次張爲示諭事。照得大靖渠渠長監生楊贊卿呈控霍清源等一案，經本府親提訊明断結，除判存案外，另定章程十二條印發，該渠長刻石以垂永遠。所有章程列後：

一、九閘共有行杴六百七十餘張，自光緒二十三年爲始，由渠長查造的名清册以後，如有買賣地畝，即於册内分别註明，積至五年，再造册一次，一存分府衙門，一存渠長，以杜影射遺漏之弊。

一、九閘分期澆水，按十八晝夜爲一輪，周而復始，仍照舊章，按杴張多寡計算時刻，不准强霸截挖。

一、充當渠長以五年爲限，充當小甲以三年爲限，期滿更换，以均勞逸。所管杴册歷帳，一并移交。

一、非有杴四張不准保充渠長，非有杴二張不准保充小甲，非有杴一張不准冒稱大二杴户，列名具呈。

一、每逢更换渠長、小甲之年，由前渠長將四張杴以上、二張杴以上之杴户按次開名呈請。分府選諭接充，不准推辭，亦不准争競。

一、渠長、小甲、花户，均用本人的名，不准張冠李帶［戴］。

一、渠長、小甲等工食兩季，向章按杴一張收糧食七升五合，應仍照，毋庸增减。

一、每杴一張，常年派錢至多以七百文爲限。如有事需用較多，務須禀明，分府批准再派，更不得藉口送官傘匾各項名目，浮收累民，違者重究。

一、每工作錢一百二十文，每興工十日平工一次，欠一工者，出錢一百二十文。餘一工者得錢一百二十文，不准含混。

一、每年修渠及各項費用，統限十月内收齊，由渠長開列出入四柱清單張貼，俾衆咸知有不足，次年接算不准，稍有浮冒，呈送分府衙門備查。

一、渠口坐落經過小作、圪塯兩村。東北河灘荒地，自光緒二十三年爲始，每年出給小作村“公廟壤害錢”肆拾伍千文，出給圪塯村“公廟壤害錢”叁拾千文，限十月底呈繳分府衙門飭領，毋得短欠。至該兩村如有花户藉口阻攔情事，惟該首事是問。該渠興工人等，亦不准任意作踐，滋事干咎。

一、渠事或經理不善，被本渠杴户控告，不准攤派訟費。

以上十二條，着永遠遵照。違者禀究不貸。特示。

右諭通知。

光緒二十三年八月十二日諭。

大靖渠渠長楊贊卿及杴户原刻立。

567. 初挖文岩渠支碑記

立石年代：清光緒二十四年（1898 年）

原石尺寸：高 160 厘米，寬 56 厘米

石存地點：新鄉市延津縣石婆固鎮里鄉村

〔碑額〕：永垂不朽

初挖文岩渠支碑記

蓋聞疏瀹盡力，大禹嘗除泛濫之憂；遂稻設人，成周亦勤蕩瀉之政。是自古平土重農，未有不設法以治水者也。里鄉村、朱庄□及地屬下隰，田甚慮淹。自光緒十六年至二十年，数載内澇，水連溢大，無秋禾。受此困者，縱欲法古導治，亦未如無權何矣。幸運揆翁岳老父台於乙未冬攝篆延邑，下車之始，先查民間疾苦，知溝渠不修，民受水害，急傳户人勸諭浚挖。適有高君名其名、武君名美、段君名鳳嶺、郭君名臨山者，與予相□及渠事，覺天然文岩，不能泄流，里鄉村、朱庄等處涝水，因乘浚渠機會列名具禀公，請自里鄉村西向東再開渠支九百丈，以會入文岩渠内，即可消除里鄉村、朱庄等處水涝。岳老父台有仁人愛民之心，行君子成美之道，遂爲查驗，批准開挖，且賞錢三十五千文以示鼓勵。予與諸君不辞勞瘁，倡衆辦理。又設席約請石婆固、小仲村、范庄、平陵、小□庄、段庄等户人，分段帮挖。此数村户人亦知有益於己，一併嚮從。統計里鄉村、朱庄二村於渠支各挖二百三十丈，各費錢二百三十千文，下餘係約請諸村帮挖。工竣之後，衆□勒石記事，着予作文，特不揣謭陋，略爲之序，殆惟望後之居此数村者，覽是文而知開創之艱，承繼歲修勿替□□，則蒙福庶可無窮焉。

邑庠生員姚乃文撰文，命男邑庠生員姚國光書丹。

里鄉村首事人：武生高其名、監生武美、候選典史段鳳嶺、生員郭臨山、段柏林、賈萬箱、高宣、石法、郭文忠。

朱庄首事人：生員姚乃文、監生張楷、楊鳳春、姚竹林、楊惜春、張名山、楊占元、張天選、姚乃翰。

段庄首事人：七品銜褚文華。

各村帮挖丈数：石婆固九十丈，小渭九十丈，平陵九十丈，范庄六十丈，小仲村五十丈，小山、中庄各二十五丈，段庄四十丈，段街四丈。

石作：山彪鎮胡全。

大清光緒二十四年歲次戊戌梅月上浣穀旦。

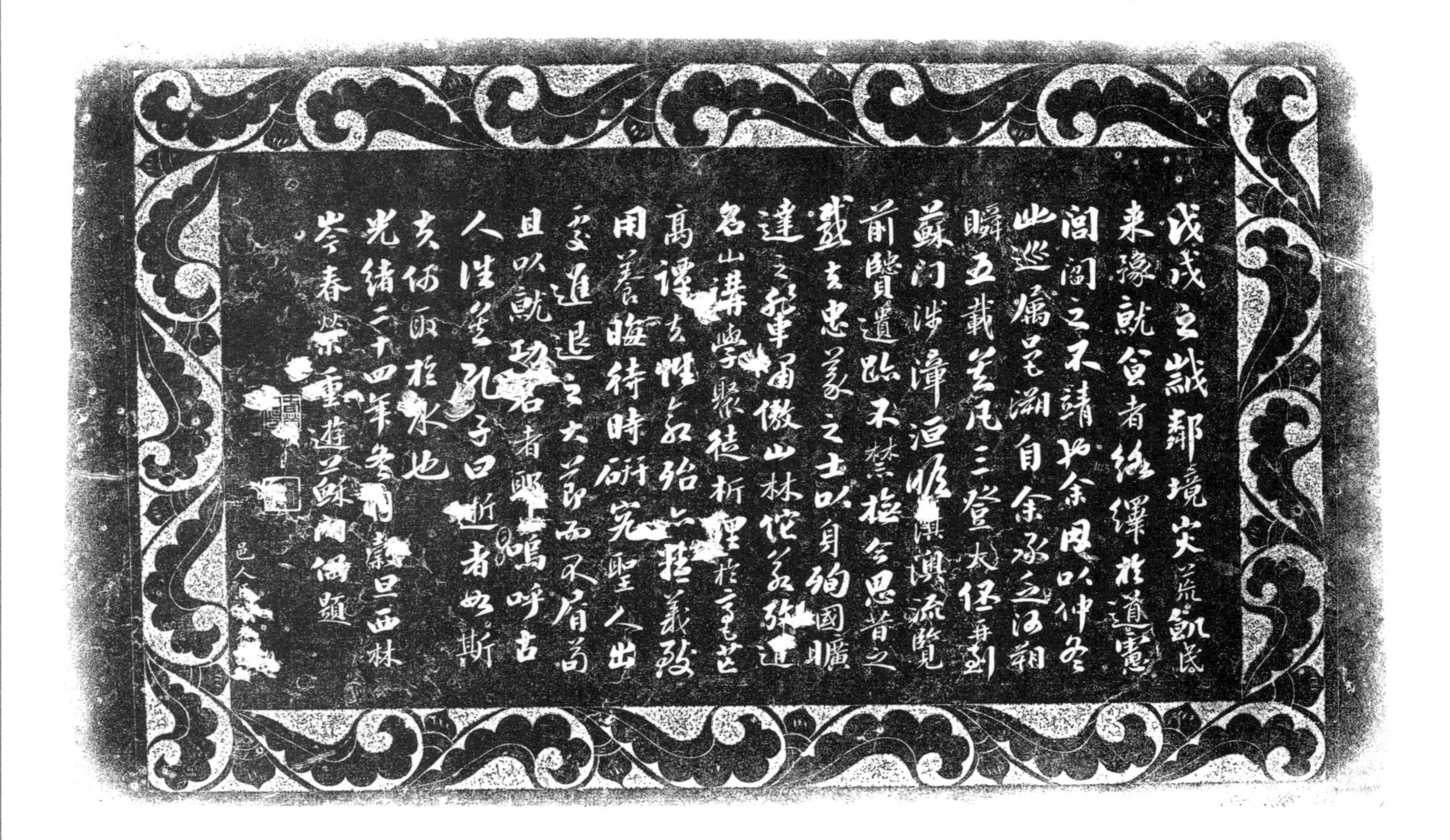

568. 岑春榮重游蘇門題

立石年代：清光緒二十四年（1898 年）
原石尺寸：高 47 厘米，寬 75 厘米
石存地點：新鄉市輝縣市百泉文廟

戊戌之歲，鄰境灾荒，飢民來豫就食者，絡繹於道。慮閭閻之不靖也，余因以仲冬出巡屬邑。溯自余承乏河朔，瞬五載矣，凡三登大伾，再到蘇門，涉漳洹，瞻淇澳，流覽前賢遺迹，不禁撫今思昔之感。夫忠義之士，以身殉國，曠達之輩，嘯傲山林，佗若考□名山，講學聚徒，析理於嵩芒，高譚夫性□，殆亦精義致用，養晦待時，研究聖人出處進退之大節，而不屑苟且，以就功名者耶。嗚呼！古人往矣。孔子曰：逝者如斯夫。何取於水也。

光緒二十四年冬月穀旦，西林岑春榮重游蘇門偶題。

感德碑記
邑賢侯 嚴
太老爺超免號草河夫雜差合都感德碑

569. 邑賢侯錢嚴薛太老爺超免號草河夫雜差合都感德碑

立石年代：清光緒二十四年（1898 年）
原石尺寸：高 124 厘米，寬 53 厘米
石存地點：新鄉市衛濱區東陽村泰山廟

〔碑額〕：感德碑記

邑賢侯錢嚴薛太老爺超免號草河夫雜差合都感德碑

太山廟東陽村舊有感德碑，今因風雨損壞，合都公議重修。錢太老爺自司馬回縣，路過本村，見村以南多有鹽碱荒地，蒙面諭恩免號草。薛太老爺因趙洪□等□本村有逃户地二頃八十餘畝，具稟恩免所稟地内河工夫錢，案存工房。乾隆五十六年七月初二日，因本村董義閃欠糧草弃地逃走，靳才等以道批細稟事□，稟嚴太老爺案下，蒙批着刑、兵、工三房會查稟覆，□八月十七日，刑、兵、工三房以稟覆事具稟，蒙嚴太老爺金批，靳才等承種董義地畝，除董義名下錢糧例無超免外，其餘車輛號草馬匹一切雜差，均予寬免，即他日有河工夫料派款，亦照優免。本村公議，董義所遺地畝入關帝廟會，每年所得籽粒，除完董義錢糧米豆外，剩則入廟，以作香火之資，如有不足，按地畝、牲口均攤。是又西□村和□子等同庄公議，惟種李國仁等逃户地，於乾隆五十六年八月内，以公懇洪恩超免雜差事具稟嚴太老爺案下，有案可查。至於地内所得籽粒，除貸地所分外，完錢糧米豆賒入牛王……足，按牲口、地畝各攤一半。

合都公議攤錢首領大户秦先全同立。

大清光緒二十四年歲次戊申十一月中浣穀旦。

570. 紙房村與圪塔村爭水訟案和解碑記

立石年代：清光緒二十五年（1899年）
原石尺寸：高49厘米，寬63厘米
石存地點：洛陽市新安縣曹村鄉圪塔村

□□□訟和息存案，誠恐日久蠹魚毀損，□□諸貞珉，以垂永遠。□□紙房與本村兩渠訟端息底列后：□公恳准息，查緣谷堆牌圪塔村與紙房村互控一案，蒙准傳訊焉，敢恳。但伊二村與生等均屬友誼，不忍坐視興訟，邀集一處，從中排解。因水源在紙房村西兩股流出，紙房村先灌田六日，不拘上下渠口，即將水尽行放入圪塔村渠内，圪塔村去水源較遠，地亦較多，圪塔村灌田十二日，紙房村始行截水，再灌仍以六日爲期，圪塔村仍以十二日爲期。至於紙房南又有空山水少許，紙房村十二日即將村南地灌溉清楚，先將南河水放入圪塔村渠内使用，不與西河一□兩流，各有章程，遵照灌田，永歸和好。事已成訟，起滅不能自由。爲此，公恳准息。生等均感大德。上叩。

時光緒二十五年菊月圪塔□濬樂刊石。

571. 建修碑記

立石年代：清光緒二十六年（1900 年）
原石尺寸：高 39 厘米，寬 52 厘米
石存地點：焦作市沁陽市山王莊鎮萬善村汤帝廟

且□井田之法，□□□之利遂因之而□矣。□河之利以□□，□沁之利或有時而可興。如鎮西□□前有長陰□南一段，南至□□，北至□升堂，大約有五十餘畝。每遇水潦，河水□就□□□所歸，以致耕種或不能以時，□□□不□□□。□是則雖有□□之□□，□以□之□□□土者□□何望哉！□公同商議□□□地之南□□□……一□，以備□□之□□□……言明價錢貳拾仟□□□……一道，使□□之水□□□……湜洹之患矣。除水□□□之外，所餘之□□□年分，公同商議，□□買主□□□以每年□□□之□□□輸□錢□□作充糧辦差之費，□□□……貞珉，使後之人咸知水□所□之地有來歷，而非無所據者可比也已。是爲序。

河邑□生田□然撰文并書丹。

執事人：劉天魁、劉慶元、劉載□、劉瑞堂、劉琳堂，同立。

大清光緒二十六年三月初一日。

流芳
大清光緒二十六年九月

572. 祈雨碑記

立石年代：清光緒二十六年（1900 年）
原石尺寸：高 44 厘米，寬 40 厘米
石存地點：安陽市林州市任村鎮豹臺村白龍廟

〔碑額〕：流芳

嘗聞大旱望雨，今與古有同情……曰飢饉將至，較之前年更苦。今……堪憂。有社首人李學義、李景……節届初伏，众村合設上洞苦……粢盛告潔酒醴虔修，農夫……神默佑，以示不忘也。

社首：李學義、李景玉。巡香：李風昌、李風阿。水官：賈兆和、李中后、石慶魁、李惟成。巡風：李希福、李作于。管賬：李法成、李占鰲。

……

大清光緒二十六年九月十……

永垂不朽
馬廠村新修分水渠碑文
光緒二十六年十月二十日 三馬廠 仝立

573. 馬廠村新修分水渠碑文

立石年代：清光緒二十六年（1900 年）
原石尺寸：高 136 厘米，寬 52 厘米
石存地點：新鄉市獲嘉縣黄堤鎮馬廠村

〔碑額〕：永垂不朽

馬廠村新修分水渠碑文

吾鄉馬廠三村，去縣城二十餘里，中有丹河，素資灌溉。丹河南岸東西長近十里，南北寬一二丈□官地。丹河北岸□地少而民地多，駸駸乎有犬牙相錯之勢。從前山水暴漲，計惟增修堤岸，疏通下游。近数年，丹河水涸，每届夏秋之交，戔戔芃芃，不轉瞬而便成枯槁。無他，僅恃丹河一路，别無所爲來源也。庚子仲秋，天氣亢旱，馬廠紳士孫任墀憂心忡忡，無可如何也。適過邑侯孫明府印壽朋來署吾邑，下車伊始，即以水利爲第一要圖。吾鄉人相聚而言曰：天久不雨，河水涓滴無存，賢父母爲我隱憂，吾儕小人可不於丹河而外，别求所爲水利乎？丹河北岸一里許，向有新河一支，再北爲蔣河，受馬坊白龍諸泉之水，流入輝、獲兩縣，同下丹河。馬坊在修武境内，以修武之水，灌修武之田，利無弗均，勢無不便。惟丹、新两河之間，中隔里許，舊有渠形，年久淤塞，從此開挖成渠，寬一丈三尺，深六尺，官民均便，两不占侵。渠南首爲丹河，北岸公置板橋，爲人牛通行之路。渠北首亦如之，引馬坊諸泉之水，由新河流入丹河，灌馬廠三村之田。水小由民自開，藉資澆灌；水大随時閉塞，免致溢盈。官民兩便，利益均占。衆議僉同，因即公具禀言，環求批示立案。樂其樂而利其利，吾鄉人之受惠于孫公者，爲不少矣。爰勒斯銘，以彰功德云。

光緒二十六年十月二十日，三馬廠同立。

平龍澗河爭水碑記

環新皆山也，土燥而阜，歲稍旱，力田者憂之，率鑿泉濬渠資灌溉，渠成專其利而私焉。城西北三十里龍澗村，以龍澗河得名。河源出九龍潭，潭圍三丈，深同之，清冽澈底，俗所謂老龍潭也。羊義、辛省兩牌民引河為渠，長可五里，以灌以汲，咸取給焉。非其牌不得挹注，如農之有畔然。潭東南泉一，曰小龍潭，其流亦匯於河。西南數武曰觀音堂，涓涓焉一泉涌出，廟頭牌所資也。庚子夏，予捧檄權邑篆，旱甚，方惻惻以禱事爰。無何，廟頭北牌附生鄧震等以擾渠呈驗，請羊辛兩牌廩生孟曰義等以開渠搆衅訴，蓋訟興已經年矣。前令尹曾君慶蘭援讞折之，鄧不說，訟孟於郡太守文公，檄下其事，命勘報，且申諭曰：毋爭利，毋釀亂，相度形勢，兩利焉俱存可也，若損彼益此，慎勿亂舊章滋後患。嗟夫！太守之愛民何其摯，太守之慮患又何周耶！先是，光緒七年廟頭北牌廩生鄧耜如糾衆與羊辛紳民郭世恩輩爭渠釀命，縣尹夔帥甫實斷斯獄，謂專而私之，爭將靡已也，以觀音堂泉畀廟頭，九龍廟泉畀羊辛。九龍廟者，潭之右建以祀九龍神者也。酌中定讞，爭遂息。距事隔二十載，鄧震敗前盟，欲徼倖一試于讞矣。予躬詣河干，周歷審視，見新渠蜿蜒數十丈，鑿井十有八，召鄧震詰之曰：未勘而開如三尺何？鄧語塞。復指諭之曰：若取小龍潭水導之東，架槽越龍澗，若以為無與於老龍潭也，抑知源分流合，奪人之利以為利，可乎？且若據上遊，壅塞水平槽過，羊辛失所利，甘乎哉？吾恐分利不可必，而禍且伏焉。攘利以啟爭，損人以賈禍，君子弗為也。前車覆轍，生其鑑旃。於是廟頭民服，滅其渠，塞其井，羊辛民悅，謂曰：自今至於後日，不敢有違言矣。爰上其事於郡守，命刊牌禁之，用書顛末泐貞珉，並鐫判以垂久遠。於戲！天下之是非，公私而已矣。明乎公私，而後可以持利害之平。公而非，雖害也，人或原之；私而是，雖利也，人亦爭之。爭之不已，利十一而害且十九焉。權其公私，是非定；判其是非，利害平。孔子曰：放於利而行，多怨。又曰：因民之所利而利之。有以夫！有以夫！歲在光緒庚子孟冬，權新安縣事吳縣王拱裳記。

本年　府批及光緒七年縣卷甘結刊後

賞戴花翎三品銜在任候陞道河南府正堂加十級隨帶加三級紀錄三年次文　批

[illegible]

光緒二十七年三月　穀旦　[illegible]飭羊辛牌紳孟曰義等泐碑

574. 平龍澗河争水碑記

立石年代：清光緒二十七年（1901 年）
原石尺寸：高 180 厘米，寬 72 厘米
石存地點：洛陽市新安縣鐵門鎮東窑村

平龍澗河争水碑記

環新皆山也，土燥而阜。歲稍旱，力田者憂之，率鑿泉浚渠資灌溉，渠成，專其利而私焉。城西北二十里龍澗村，以龍澗河得名。河源出九龍潭，潭圍三丈，深同之，清洌澈底，俗所謂老龍潭也。羊義、辛省兩牌民引河爲渠，長可五里，以灌以汲，咸取給焉。非其牌不得挹注，如農之有畔。然潭東南泉一，曰小龍潭，其流亦匯於河。西南數武，曰觀音堂，涓涓焉一泉涌出，廟頭牌所資也。庚子夏，予捧檄權邑篆。旱甚，方惻惻以穡事憂。無何，廟頭北牌附生鄧震等以擾渠丐驗請羊、辛兩牌。廩生孟曰義等以開渠構衅訴，盖訟興已經年矣。前令尹曾君慶蘭授讞折之。鄧不説訟。孟於郡太守文公悌下其事，命勘報且申諭曰：毋争利，毋釀禍，相度形勢，兩利焉俱存可也。若損彼益此，慎勿亂舊章，滋後患。嗟夫！太守之愛民何其摯，太守之慮患又何周耶！先是光緒七年，廟頭北牌廩生鄧相如糾衆與羊、辛紳民郭世恩輩争渠釀命。滕尹希甫實斷斯獄，謂專而私之争將靡已也。以觀音堂泉畀廟頭，九龍廟泉畀羊、辛。九龍廟者，潭之右，建以祀九龍神者也。酌中定議，争乃息。詎事隔二十載，鄧震敗前盟，欲徼倖一試。吁，譎矣。予躬詣河干，周歷審視，見新渠蜿蜒數十丈，鑿井十有八。召鄧震詰之曰："未勘而開，如三尺何？"鄧語塞。復指諭之曰："若取小龍潭水導之東，架槽越龍澗，若以爲無與於老龍潭也，抑知源分流合，奪人之利以爲利，可乎？且若據上游，少壅塞水平槽過，羊、辛失所利，甘乎哉！吾恐分利不可必，而禍且伏焉。攘利以啟争，損人以賈禍，君子弗爲也。前車覆轍，生其鑒旃。"於是，廟頭民服，滅其渠、塞其井，羊、辛民悦，謂曰："自今至於後日，不敢有違言矣。"爰上其事於郡守。命刊牌禁之，用書顛末，泐貞珉并鎸判，以垂久遠。於戲！天下之是非，公私而已矣。明乎公私而後可以持利害之平，公而非，雖害也，人或原之；私而是，雖利也，人亦争之，争之不已，利十一而害且十九焉。權其公私是非定，判其是非利害平。孔子曰："放於利而行多怨。"又曰："因民之所利而利之。"有以夫，有以夫。

歲在光緒庚子孟冬權新安縣事吴縣王拱裳記。

本年府批及光緒七年縣卷甘結刊後。

賞戴花翎三品銜、在任候陞道、河南府正堂加十級随帶加三級紀録二十次文批：

據稟已悉，查鄧震等身列衿紳，光緒七年，韓、黄兩姓争水，曾醸人命有案之事，輒圖利己，不顧損人，其居心已不公恕。乃因本府擴充水利，隱匿舊情，来府投呈，請在該處廟頭北牌附近小龍潭引水開挖新渠，甫予批縣查辦。竟爾不候詣勘，不請縣示，擅自興工，足見强横藐法。既經該縣逐段履勘，察酌情形，訪詢輿論，窒礙多端。應速出示，嚴行禁止。一面由縣查案撰文立碑永禁，以杜後患。并將鄧震等傳詢，申飭票差押，令將私挖未成渠道，立即照舊填塞。倘敢謬執己見，延抗不遵，速各傳案，分别查取入學年分名次，追出捐照，詳革究辦，勿稍寬貸。仰即遵照辦理勿延，此繳勘圖抄詞，甘結并存。

具甘結廩生鄧相如、從九韓懷斗今於與甘結事，依奉結得羊、辛等牌業户，因引水灌田與生

牌釀成訟端。生等具呈，均各在案。今經親誼貢生關維麒等從中處説，查此水源本係二處，一源出觀音堂前，一源出九龍廟前。生等地少，宜用觀音堂泉；羊、辛兩牌地多，宜用九龍廟泉，同衆議定，彼此各用一泉，嗣後不許紊亂争執。生等與牌業户俱屬情願，甘結是實。

具甘結羊義、辛省兩牌監生郭世恩、從九孟多三今於與甘結事，依奉結得生等牌農户，因廟頭牌堵水，致成訟端。今經親誼貢生關維麒從中和説，但此水源本係二處，一源出觀音堂前，一源出九龍廟前。同衆議定：廟頭牌地少，宜用觀音堂前泉水；羊義、辛省兩牌地多，宜用九龍廟前泉水，水路俱甚得便；廟頭牌與生等牌均情願各用一泉，各修各渠，嗣後不許紊亂争執。生等與兩牌農户各無异説，所具甘結是實。光緒七年九月初六日結。

光緒二十七年三月穀旦飭羊、辛牌紳孟曰義等泐碑。

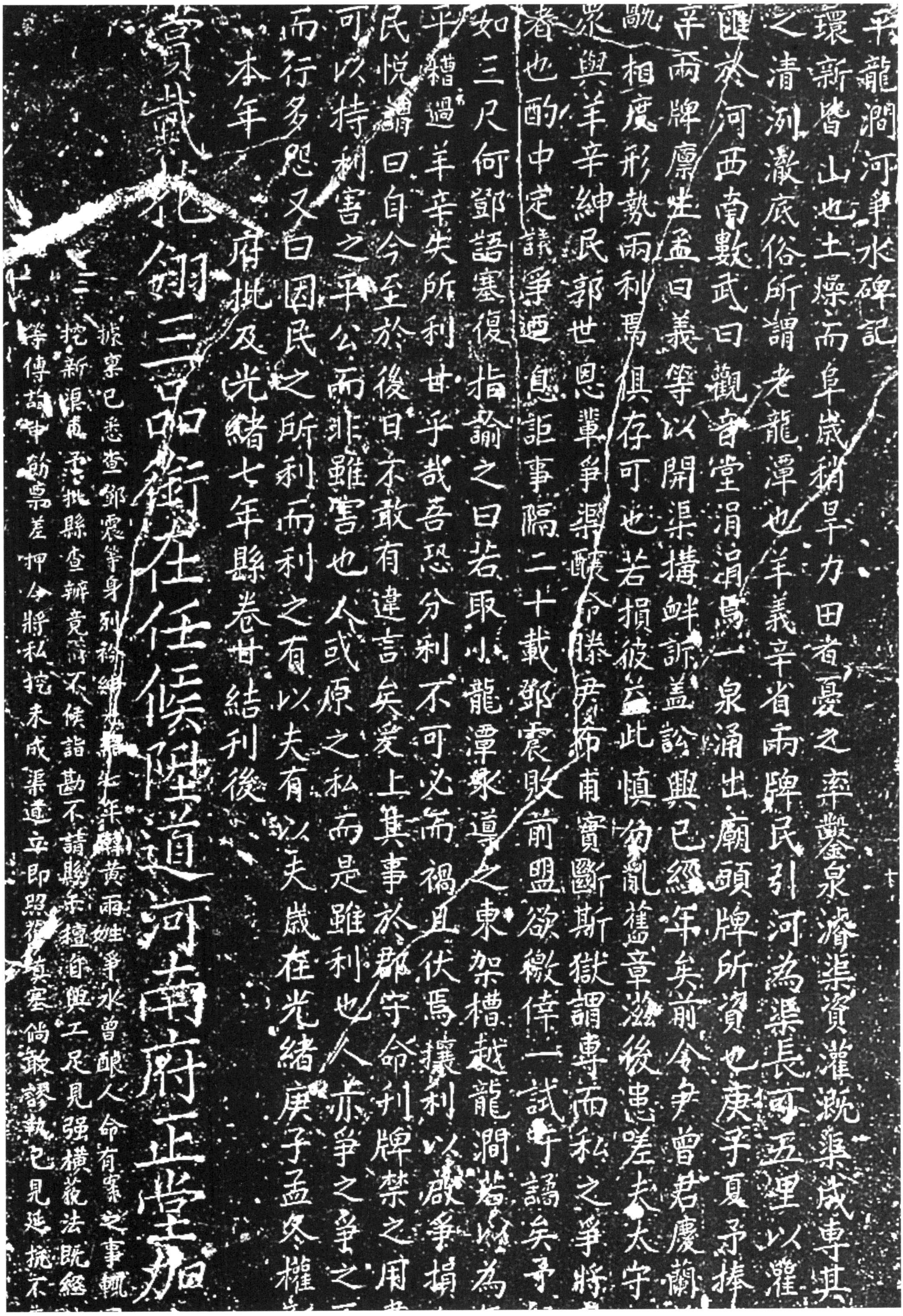

平龍澗河爭水碑記

環新皆山也土燥而阜歲稍旱力田者憂之率鑿泉濬渠資灌溉渠歲專其

之清冽澈底俗所謂老龍潭也羊義辛省兩牌民引河為渠長河五里以灌

匯於河西南數武曰觀音堂涓涓焉一泉涌出廟頭牌所資也庚子夏予捧

辛兩牌廪生孟曰義等以開渠搆衅訐蓋訟興已經年矣前令尹曾君慶蘭

勘相度形勢兩利焉俱存可也若損彼益此慎勿亂舊章滋後患嗟夫太守

衆與羊辛紳民郭世恩輩爭渠醸命滕尹希甫實斷斯獄謂專而私之爭將

者也酌中定議爭遂息詎事隔二十載鄧震敗前盟欲徼倖一試乎譎矣予

如三尺何鄧語塞復指諭之曰若取小龍潭泉導之東架槽越龍澗若以為

平槽過羊辛失所利甘乎哉吾恐分利不可必而禍且伏焉攘利以啟爭損

民悦謂曰自今至於後日不敢有違言矣爰上其事於郡守命刊牌禁之用

可以特利害之平公而非雖害也人或原之私而是雖利也人亦爭之爭之

而行多恐又白因民之所利而利之有以夫有以夫歲在光緒庚子孟冬權

本年　府批及光緒七年縣卷廿結刊後

賞戴花翎三品銜在任候陞道河南府正堂加

據案已悉查鄧震等身列衿紳於光緒七年與黃兩姓爭水曾釀人命有案之事輒

三挖新渠甫蒙批縣查辦竟敢不候詣勘不請縣示擅自興工足見強橫藐法既經

等傳訊申飭禀差押令將私挖未成渠道立即照舊填塞倘敢謬執已見延挽不

《平龍澗河爭水碑記》拓片局部

575. 創修井泉字碑記

立石年代：清光緒二十七年（1901 年）
原石尺寸：高 48 厘米，寬 67 厘米
石存地點：安陽市林州市河順鎮東馬安村

創修井泉字碑記

李家庄村合社同立。

聞夫恩及一鄉者，爲一鄉之仁人；惠及一村者，爲一村之善士。我村因連年水缺，社中掘井此地，地主李萬恒不徒［圖］銀錢，情愿施井，社中公用，可謂一村善士矣。然其井在水掌晏地中，向東走路一条，不許牛羊入地飲，恐有害於田苗也。謹誌之。

東曲陽王作輔撰文，西馬鞍徐金秋刻石。

施井：李萬恒。社首：李延德、李萬德。管事：李萬法、李岐秀、李永貴、李萬安、李九和、李九標、李景文、李延義、李世榮、李世和。

李永銀、李永茂、李世儒、李萬興、李世旺、李世興、李萬學、李萬文、李萬香、李有祥、李萬新、李岐河、李萬元、李萬鎰、李世秋、李岐儉、李岐恭、李世林、李萬蒼、李天鎖、李郭氏、李岐清、李岐山、李萬順、李岐林、李世花、李延秋、李岐榮、李永法、李永學、李九禎、李永崑、李萬慶、李岐江、李萬春、李世存、李萬標、李萬江、李萬林、李世忠、李九周、李岐松、李永蒼、李永方、李萬羊、李岐和、李世法、李岐花、李世伏、李萬奇、李延學、李世順、李有河、李萬魁、李永明、李滃子、李永年、李景和、李景伏、李萬河、李萬平、李世臣、李世財、李宗文、李延順、李萬年、李萬太、李章鎖、李九法、李九貴、李世堂、李世芳、李岐旺、李来元。

大清光緒二十七年桃月吉立。

澤被蒼生

邑賢侯辛庵曾公德政碑

重濬百泉碑序

自古稱牧民者曰父母非謂其分位之尊[illegible]其撫字之勤耳我邑侯辛庵曾公蒞任以來[illegible]公行公即[illegible]保甲設團防恐擾累民[illegible]為保團總局[illegible]費不數月而盤上峪河一帶渠與斯首閭里晏安公之子惠斯民者真前代之召父杜母也惠之辛丑春夏之交天氣亢旱稻田缺水公邀仁義禮智信五關紳耆為[illegible]起百泉之舉約費四千餘工人心踴躍不日告成公逐日到泉視工見勤勞者賞以台酒銀牌用昭激勵更循河查驗挹注求均臨河村庄得以普種稻田而無旱乾之虞諸皆公之力也且日與士民接毫無官長積習稱為父母詎曰不宜夫公以庚子閏八月蒞任未及一年繕城垣平道塗百廢咸興善政不可枚舉獨至挖百泉一事以開數十年之塞寒以養億萬姓之生靈俾後之覩斯泉者見夫奔流活潑者遍稻田悉係生民之樂利僉曰非我公倡率之功不及此而公之德當與泉水並傳不朽云

歲貢生魏泰撰文

邑庠生王鴻[illegible]書丹

大清光緒二十七年歲次辛丑中秋月上浣 立

576. 重浚百泉碑序

立石年代：清光緒二十七年（1901 年）
原石尺寸：高 156 厘米，寬 58 厘米
石存地點：新鄉市輝縣市百泉風景區

〔碑額〕：澤被蒼生

重浚百泉碑序

邑賢侯辛庵曾公德政碑

自古稱牧民者曰父母，非謂其分位之尊，盖以其撫字之勤耳。我邑侯辛庵曾公甫下車，正值匪人煽惑，截掠公行。公即聯保甲、設團防，恐擾蟻民，預頒鶴俸，爲保團總局費。不數月，而盤上峪河一帶渠魁駢首，閭里晏安。公之子惠斯民者，真前代之召父杜母也。兼之辛丑春夏之交，天氣亢旱，稻田缺水，公邀仁義禮智信五閘紳耆，爲挑挖百泉之舉，約費四千餘工，人心踴躍，不日告成。公逐日到泉觀工，見勤勞者，賞以旨酒、銀牌用昭激勵。更循河查驗，挹注求均，臨河村庄得以普種稻田，而無旱乾之虞者，皆公之力也。且日與士民接，毫無官長積習，稱爲父母，誰曰不宜？夫公以庚子閏八月到任，未及一年，繕城垣、平道塗，百廢咸興，善政不可枚舉。獨至挖百泉一事，以開數十年之壅塞，以養億萬姓之生靈，俾後之睹斯泉者，見夫奔流活潑，灌溉稻田，永保生民之樂利，僉曰非我公倡率之功不及此，而公之德當與泉水并傳不朽云。

總理工務分縣燮臣朱公、少尉孔之熊公、縣署許師爺仙谷。仁字閘督工牛一麟、邵化光、袁國寶、路清、申啟明、申啟寶、王文長、李鋭、邵同文、耿樹椿、朱金銘、聶林。義字閘督工王際雲、馮佩辛、魏福、朱平、秦瑢、秦兆祥、張秀生、王文屏、丁成章。禮字閘督工李珍、王鴻謨、王鴻基、賈樹標、郎士彬、林遇春、郎源、李昌、趙槐、馬乾、李廷熙、劉樹勛、李金銘、李金山。智字閘督工劉昌緒、陳鎬、徐保元、王和、劉玉、李進芳、趙保同、王青林、姬文清、侯允章、侯傑、趙誠、董相林、董鳳林、王錫慶、胡義、郭襄陽、梁翠岐、郎保珠、陳連科。信字閘督工魏慎修、牛源、魏泰、林際時、魏濱、魏治、李瑄、魏同仁、牛文、朱祥、朱玉、杜興誠、劉輅、劉禄林、劉福田、劉金釗、徐五慶、郭吉祥、竇向仁、路仁。

管理工事張玉田。石工靳三友、羅鳳鳴、平國寶。

大清光緒二十七年歲次辛丑中秋月上浣立。

皇清

防旱碑記

且甚哉天災流行之可畏也人苟稍不思患而預防之一逢其會鮮有不束手無策引領待斃者矣即如光緒二年重九以至四年重三節二十八個月間草莫不雨雨祇濺塵亦豈無雪雪不厚紙遊郊原而壑綠野之綠皆轉而成赭之紅過山川而瞻青疇之青更轉而成沙之白當印無色草木經霜而不生伊洛斷流魚非涸轍而亦蹙既密雲而不雨旱壞高原五穀良苗又寒露而非霜打乾下濕九秋蕎麥斯時也五穀不登歲轉成凶物賤如糞粟貴似珠一百多個錢一觔麪銅不要新三十餘兩銀一石米色還得看由是盜賊蜂起晝截夜搶路斷行人道不通商日中[illegible][illegible]不行織紡四地每畝僅值錢三十[illegible]大房三間祇賣銀六錢三時之人或遷彼樂土或逃至遠鄉或拆房屋而賣木石或嫁妻女而販衣裳老少同赴集市男女亦親授受紅粉佳人賣靴鞋群[illegible][illegible]私而售貨人口老稚[illegible][illegible]使有揭榆皮以餬口食蘇餅以充腸雞犬殺而不留牛羊食之淨盡最可憐者人食人肉人嚼人骨總計死者十有八數此誠七五世族長亭公所親見者因勒石以誌俾後世子孫聞而知之揚廣幾耕三餘一耕九餘三量入為出思患而預防之其後之天災流行者亦無少補云爾

庠生馬鳴鑾撰文

庠生董桂芳書丹

光緒貳拾捌年二月中浣立

577. 防旱碑記

立石年代：清光緒二十八年（1902 年）
原石尺寸：高 147 厘米，寬 57 厘米
石存地點：洛陽市偃師區偃師博物館

〔碑額〕：皇清

防旱碑記

且甚哉！天灾流行之可畏也。人苟稍不思患而預防之，一逢其會，鮮有不束手無策、引領待斃者矣。即如光緒二年重九以至四年重三節，一十八個月間，豈真不雨，雨衹灑塵；亦豈無雪，雪不厚紙。游郊原而望緑野，野之緑皆轉而成地之紅；過山川而瞻青疇，疇之青更轉而成沙之白。嵩邙無色，艸未經霜而不生；伊洛斷流，魚非涸澈而亦蹩。既密雲而不雨，旱壞高原五穀良苗；又寒露而非霜，打乾下濕九秋蕎麥。斯時也，五穀不登，歲轉成凶，物賤如糞，粟貴似珠。一百多個錢一斤麵，銅不要新；三十餘兩銀一石米，色還得足。由是盜賊蜂起，晝截夜搶；路斷行人，道不通商；日中市壞，不行織紡。凹地每畝僅值錢三百，大房三間衹賣銀六錢。一時之人，或適彼樂土，或逃至遠鄉，或拆房屋而賣木石，或嫁妻女而販衣裳。老少同趋集市，男女亦親授受。紅粉佳人賣靴鞋，鮮廉寡恥；白面書生販人口，弃禮滅義。更有揭榆皮以餬口，食麻餅以充腸。鷄犬殺而不留，牛羊食之净盡。最可慘者，人食人肉，人口人骨。總計死者十有八数，此誠十五世族長亭公所親見者。因勒石以誌，俾後世子孫聞而知惕。庶幾耕三餘一，耕九餘三，量入爲出，思患而預防之，其於後之天灾流行者奉，必無小補云爾。

庠生馬鳴鸞撰文。

庠生董桂芳書丹。

光緒貳拾捌年二月中浣立。

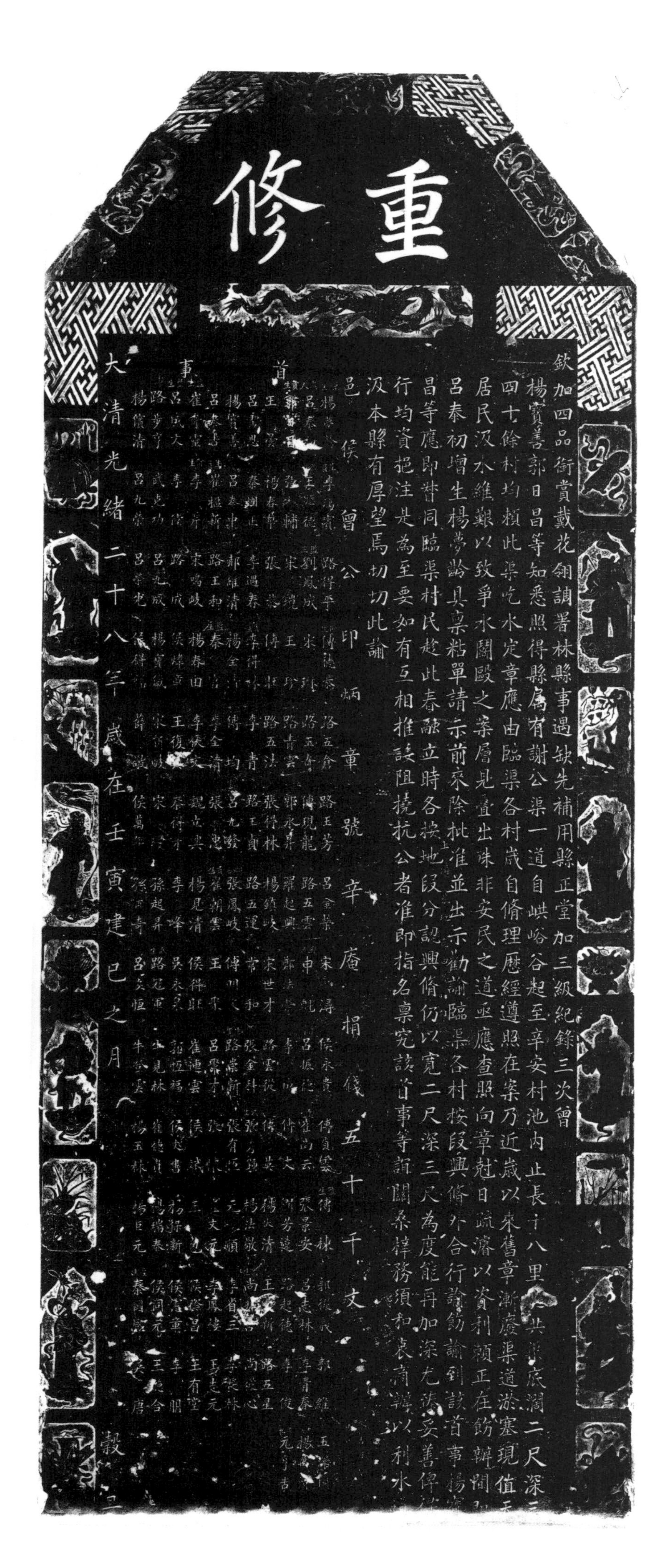

重修

欽加四品銜賞戴花翎調署林縣事遇缺先補用縣正堂加三級紀錄三次曾

楊寶善郭日昌等知悉照得縣屬有謝公渠一道自峽峪谷起至辛安村池内止長十八里共計底濶二尺深三[illegible]

四十餘村均賴此渠之水定章應由臨渠各村歲自脩理歷經遵照在案乃近歲以來舊章漸廢渠道淤塞現值[illegible]

居民汲水維艱以致爭水鬨毆之案層見疊出殊非安民之道亟應查照向章剋日疏濬以資利賴正在飭辦間[illegible]

呂泰初增生楊夢齡具禀粘單請示前來除批准並出示勸諭臨渠各村按段興脩外合行諭飭諭到該首事楊[illegible]

呂等應即督同臨渠村民趁此春融立時各按地段分認興脩仍以寬二尺深三尺為度能再加深尤爲妥善俾[illegible]

行均資挹注是為至要如有互相推諉阻撓抗公者准即指名禀究該首事等誼關桑梓務須和衷商辦以利水

汲本縣有厚望焉切切此諭

邑侯曾公印炳章號辛庵捐錢五十千文

首事

大清光緒二十八年歲在壬寅建巳之月 穀旦

578-1. 謝公渠重修碑（碑陽）

立石年代：清光緒二十八年（1902 年）
原石尺寸：高 175 厘米，寬 70 厘米
石存地點：安陽市林州市合澗鎮洪穀山謝公祠院

〔碑額〕：重修

欽加四品銜賞戴花翎調署林縣事遇缺先補用縣正堂加三級紀録三次曾、楊寶善、郭日昌等知悉，照得縣屬有謝公渠一道，自洪峪谷起，至辛安村池内止，長十八里。通共渠底濶二尺，深三□□□四十餘村，均賴此渠吃水。定章應由臨渠各村歲自修理，歷經遵照在案。乃近歲以來，舊章漸廢，渠道淤塞。現值天□□□，居民汲水維艱，以致争水鬥毆之案屢見叠出，殊非安民之道。亟應查照向章，克日疏浚，以資利賴。正在飭辦間，即□□□吕泰初、增生楊夢齡具禀粘單請示前來，除批准并出示勸諭臨渠各村按段興修外，合行諭飭。諭到該首事楊寶□□□昌等，應即督同臨渠村民，趁此春融，立時各按地段分認興修，仍以寬二尺，深三尺爲度，能再加深，尤臻妥善。俾得□□□行，均資挹注，是爲至要。如有互相推諉阻撓抗公者，准即指名禀究。該首事等，誼關桑梓，務須和衷商辦，以利水道□□□汲，本縣有厚望焉。切切。此諭。

邑侯曾公印炳章號辛庵捐錢五十千文。

首事：□□楊夢□、□□吕泰□、貢生郭日昌、王□、吕雲恩、楊寶善、吕恭善、崔奇靈、吕成文、路步亨、楊濱清。貢生李鴻寶、王□德、張□輔、楊春華、秦□正、吕泰中、崔楹新、李芹、李儻、武克功、吕九榮、路得平、監生劉鳳成、宋□、張恭、李遇春、郝維清、路王和、宋鸣岐、路成、吕九成、吕荣□、傅德恭、宋□、王珍、傅旺、李德林、楊全清、秦宫、楊春田、侯煒□、楊寶啟、侯得福、路五倉、路玉奇、路青雲、路五法、李青、傅均、李全清、李侯文、王復□、宋新岐、薛敬、路玉芳、傅現龍、郭永昇、張得林、路王貞、吕九發、張忠、魏立興、秦得才、宋□、侯萬年、吕金榮、路五雲、羅起興、楊鎮岐、路五運、張鳳岐、貢生崔朝雲、楊見清、李峰、孫起昇、孫□奇、宋溽、申魁、鄭法榮、宋世才、常和、傅明文、王聚、侯得旺、吴永泉、路冠軍、吕久恒、侯永貴、吕振德、李成、路雲從、張金科、路崇新、吕聚才、崔連雲、郭恒福、牛見林、牛登雲、傅貞雲、霍尚云、傅文、傅英、張秀鐘、張有恒、張懷、侯斌、侯□書、崔德貞、楊玉林、監生傅楝、張景安、劉芳遠、楊伏清、楊法敬、元順、□文元、三苞、楊保新、楊瑞秦、楊巨元、郭從義、吕志林、路起德、王□新、尚裴□、李省三、李鳳樓、侯際昌、侯憲童、侯同元、秦国熙、郭維、李青春、李俊、路五星、尚從心、李長林、王志元、王有堂、李朋、吴唐、五□□、楊萬□、元亨吉。

大清光緒二十八年歲在壬寅建巳之月穀旦。

碑陰

謝公率沿溉四十餘村載在通志仁人之利普矣哉合社感戴□□每值修渠之時必就祠宇而補葺之丁酉成
祠中正房三間東西樓兩陪房典後大樓逐一補修未得告竣今年春奉□邑侯曾公諭重修渠道又將闔□
祠中過亭外六門樓牆之周圍悉仍舊而更新馬急我公及時之□諭因以完同□求竟之功至此次督理□
諭派已於諭下臚列姓名無煩贅述叙此以誌祠渠本自相依前修後補亦取古人合傳之意云爾

計開各村入錢清單

西義前井出錢三千文
孤王洞出錢一千九百文
南嵩村出錢一千九百文

山嵩前堰出錢□□□文
淥洞薦薄出□□□
西門薦出錢一□□

幸安村出錢八十四千文
北山山村出錢三十九千文
豆家庄出錢三十千文
小屯村出錢二十七千文
小傳街出錢十八千文
池南村出錢七十五百文
楊家庄出錢四十二千文
椒園村出錢十八千文
前揚坡出錢十六千文
後揚頭出錢五千文
木簣村出錢二十六千文
路底西坡出錢三千六千文
上西坡出錢七千文
辛庄村出錢二千文
王家圍出錢四十文
東義圍井出錢三十五百文

白家村出錢六十三百五十文
堰坡村出錢□□□
南平村出錢六十六百五十文
三池相□
小山村□
曹山村出錢五十文
王雙味出錢五千文
萬春溝出錢四千文
北巷溝出錢五百文
郭旺出錢二百文
秦坎荒

大南山出錢八千二百五十文
小南山出錢□□文
東太陽出錢三千五百文
清水池出錢十千五百文
上庄村出錢三千文
蒿園薦出錢□□□
沙河村出錢三千八百文
舜王峪出□□
河北村

小豐洞出錢一千文
陳更新掲出錢五千百文
鄭明清出錢二百文

舉人呂恭初撰文
生員呂泰祥校閱
生員楊夢齡參訂
生員王如璋書丹
生□□寶書彷額

以上生□□錢四百五十□
□□錢四百七十

買石灰併
入食伙成□

開工買物料使□
工錢使錢一□
買石灰伙成□

住村□秀氏成□

578-2. 謝公渠重修碑（碑陰）

立石年代：清光緒二十八年（1902 年）
原石尺寸：高 175 厘米，寬 70 厘米
石存地點：安陽市林州市合澗鎮洪穀山謝公祠院

〔碑額〕：碑陰

謝公渠，沾溉四十餘村，載在《通志》，仁人之利普矣哉。合社感德不忘，每值修渠之時，必就祠宇而補葺之。丁酉、戊□□□□祠中正房三間、東西樓兩陪房、與後大樓逐一補修，未得告竣。今年春，奉邑侯曾公諭，重修渠道，又將關帝……中，過亭外大門樓、墻之周圍，悉仍舊而更新焉。急我公及時之諭，因以完同人未竟之功，至此次督理□□□□諭派，已於諭下臚列姓名，無煩贅述，叙此以誌。祠渠本自相依，前修後補，亦取古人合傳之意云爾。

計開各村入錢清單：辛安村出錢八十四千文，北山村出錢三十九千文，豆家庄出錢三十千文，小屯村出錢二十七千文，小傅街出錢十八千文，池南村出錢七千五百文，楊家庄出錢四十二千文，椒園村出錢十八千文，前拐頭山出錢十千文，後拐頭山出錢五千文少一千文，木纂村出錢二十千文，上西坡出錢七千文，底西坡出錢三千五百文，路來錫出錢一千文，辛庄村出錢六千五百文，王家園出錢四千文，東義蘭井出錢三千五百文，西義蘭井出錢三千文，狐王洞出錢一千九百文，南窑村出錢一千九百文，馬軍池出錢六千文，南平村出錢六千六百五十文，墁坡村、白家村二村出錢六千六百五十文，小辛庄、大南山出錢八千三百五十文，小南山出錢三千五百文，東太陽出錢三千八百文，清水池出錢二千八百五十文，蒿園村出錢三千八百文，上庄村出錢三千文，沙河村出錢三千文，舜王峪、河北村出錢三千八百文，上□□堰出錢□□□百文，底須爾堰出錢一□□百文，西門嶺出錢一□□百文，侯家巷出錢□□□□文，三池村出錢□□□□文。小山村曹振山出錢五百文，王雙林出錢五百文。南庵溝出錢四千文，北庵溝出錢五百文。郭旺出錢二百文。橋北荒秦伏出錢一千文。小豐村出錢二千二百文。陳更新捐錢五百文，東李家崗出錢一千九百文，□□郭明清出錢二百文。計開出錢清單：開工買物料使錢□□□□工錢使錢一百七十□□□□買石灰使錢四十千□□，火食使錢六十五□□，竪碑使錢十千文□□，修大堰東西橋使錢□□。以上共來錢四百五十□□，出錢四百五十□□。住持花秀徒臧修。舉人吕春初撰文，生員吕泰祥校閱，生員楊夢齡參訂，生員王如璋書丹，生員楊賓書彷額。

永垂不朽
光緒壬寅冬十月
宋公神道
立

579-1. 宋公神道碑（碑陽）

立石年代：清光緒二十八年（1902 年）
原石尺寸：高 155 厘米，寬 59 厘米
石存地點：新鄉市鳳泉區大塊鎮塊村營村西

〔碑額〕：永垂不朽
宋公神道。
光緒壬寅冬十月立。

萬古流芳

579-2. 宋公神道碑（碑陰）

立石年代：清光緒二十八年（1902 年）
原石尺寸：高 155 厘米，寬 59 厘米
石存地點：新鄉市鳳泉區大塊鎮塊村營村西

〔碑額〕：萬古流芳

宋公指路碑記

公姓宋名准，字世平，號西湖，本營軍人也。當明嘉靖時，本營地勢俯下，又值玉河之衝，故每秋雨淋漓，山水泛濫，□□四起，田禾盡偃。地誠十荒八九，每畝價五七文，貧酷之象，苦不堪言，是以正軍四十有九，逃移者過半。至三十三年，管軍本官因軍逃，亦斃於杖下。公乃營中巨家，且才高識卓，慨然而嘆曰：水能害人，亦能利人，禍中豈無福乎？審夫地勢，北距蘇門，西靠玉河，倘修建閘口，因地利順水性之用渠備旱，□植稻田，栽蓮葦，磽瘠土，克成膏壤，典呈價堪增百倍。雖非盡爲己田，吾宜仗義而興之。遂約衆躬親抱告，至於被鐵練、居圄圄，前後五載，透斷鐵繩，半銷家産，公立志之死靡他，絶不悔恨。後卒償其願，果蒙巡撫河南章公批允，自三十七年起工，三十八年告竣，建修信字閘一道，裴家莊東頭是也。尔時，經營圖畫，新邑志悉詳。後萬曆十八年，村中父老皆曰：吾儕如某宋公之力也，食德豈可悉□□。求□□進士出身，吏部觀政鳳山賀公諱盛瑞，撰文勒石，以彰其美。碑在外玉廟墻垣，文中歌曰：獲碑塊村稻田，然問是誰功？姓宋名准。快哉斯言乎。夫以公之德，應愆螽斯之慶。何天之報善人不□傳而哀乏嗣無人。即至國朝道光十八年，百川祖父，冬陽人，與公有姻眷之親，爰立石以墓□遠，囑後輩香資薄奠，春秋罔懈，謹承祖志。時恐代遠年湮，墳址損壞，更立指路碑一道，昭兹來許。尚乎學術短淺，拙於文辭，僅按石迹以廣傳聞，不敢妄事鋪張，致損至美。竊謂公之開稻田，無异乎□子□塚埋□，何异峴山碑睹之有不墮淚者乎？夫一身遭點辱之厄，後世享無窮之福，公固村之甘棠，古之遺□也。是爲記。

監生愚表孫祁百川撰文并立石。

……

大清光緒二十八年歲次飛義攝提□月下浣穀旦。

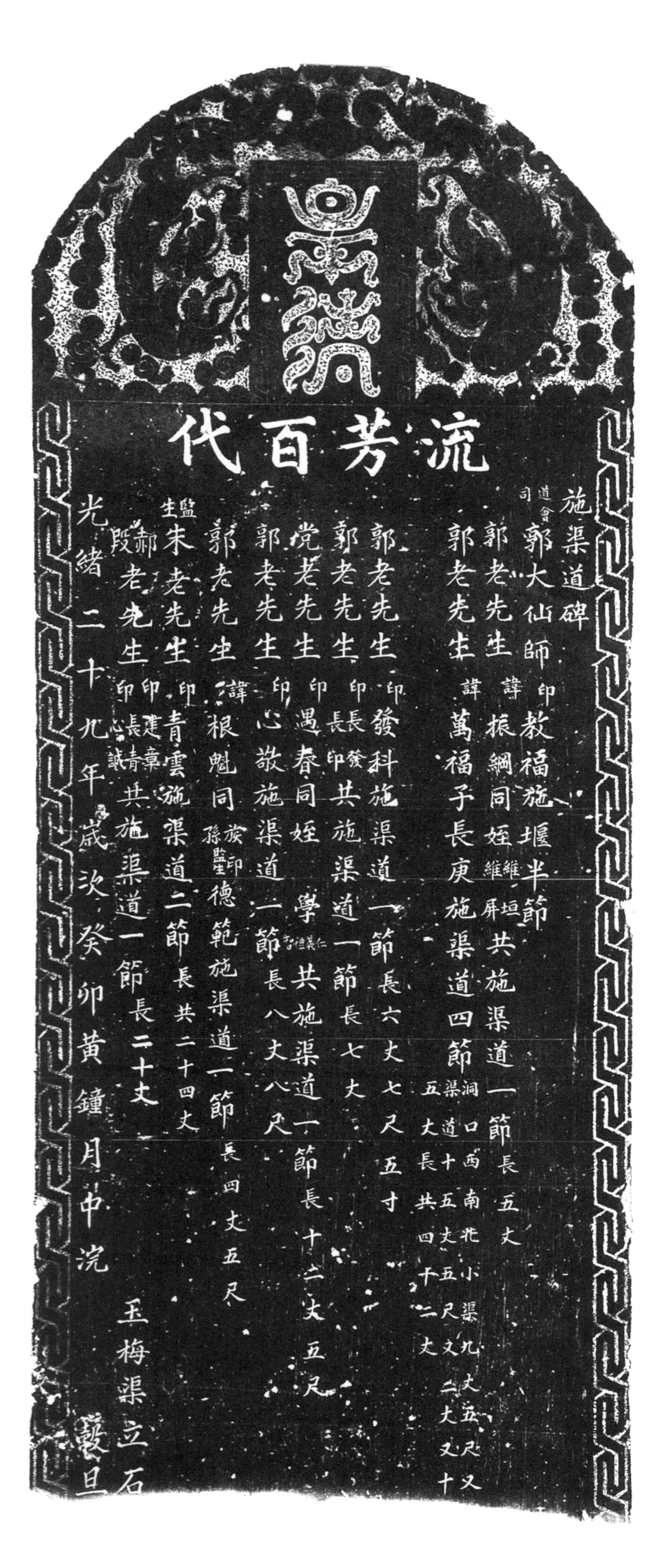
流芳百代
施渠道碑
道會司郭大仙師印教福施堰半節
郭老先生諱振綱同姪維垣維屏共施渠道一節長五丈
郭老先生諱萬福子長庚施渠道四節洞口西南北小渠九丈五尺又渠道十五丈五尺又二丈又十五丈長共四十二丈
郭老先生印發科施渠道一節長六丈七尺五寸
郭老先生印長發印共施渠道一節長七丈
党老先生印遇春同姪學共施渠道一節長十二丈五尺
郭老先生印心敬施渠道一節長八丈八尺
郭老先生諱根魁同族孫印鑒德範施渠道一節長四丈五尺
監生朱老先生印青雲施渠道二節長共二十四丈
郝段老先生印建章印長青共施渠道一節長二十丈
光緒二十九年歲次癸卯黃鐘月中浣穀旦
玉梅渠立石

580. 施渠道碑

立石年代：清光緒二十九年（1903 年）
原石尺寸：高 148 厘米，寬 59 厘米
石存地點：洛陽市新安縣鐵門鎮玉梅村

〔碑額〕：皇清　流芳百代

施渠道碑

道會司郭大仙師印教福施堰半節。郭老先生諱振綱，同侄維垣、維屏共施渠道一節，長五丈。郭老先生諱萬福子長庚施渠道四節：洞口西南北小渠九丈五尺，又渠道十五丈五尺，又二丈，又十五丈長，共四十二丈。郭老先生印發科施渠道一節，長六丈七尺五寸。郭老先生印長發、長印共施渠道一節，長七丈。党老先生印遇春同侄學仁、學義、學禮、學智共施渠道一節，長十二丈五尺。郭老先生印心敬施渠道一節，長八丈八尺。郭老先生諱根魁同族孫印監生德範施渠道一節，長四丈五尺。監生朱老先生印青雲施渠道二節，長共二十四丈。郝老先生印建章、段老先生印長青、心誠共施渠道一節，長二十丈。

玉梅渠立石。

光緒二十九年歲次癸卯黄鐘月中浣穀旦。

源遠流長

勅封靈佑襄濟顯惠贊順護國普利昭應孚澤綏靖溥化保民德隆黄大王諱守才字寬吾號對泉河南河南府偃師縣城西南十里王家莊人父諱德教孟春公孫也素通水性纘禹承謨河務屢著奇績蒙

盛朝恩賜春秋誕辰二祭將後裔列入祭優相傳已久世守勿替至光緒二十九年奚將優戶歸入庄口族衆謹將祭優始末叙明具禀潘大老爺案下即蒙金批令據陳明

黄大王後裔祭優名目相沿已久准仍照舊章毋庸歸庄原崇奬之本意　君恩固極優渥遵免役之舊制　縣主亦宗體恤俱照代遠年湮無所考據謹勒石以誌不朽云

例授修職佐郎候選訓導歲貢生吳鑽頓首拜撰

族衆仝立石

光緒貳拾玖年歲次癸卯桐月　穀旦

581. 黄大王後裔祭優碑記

立石年代：清光緒二十九年（1903 年）
原石尺寸：高 163 厘米，寬 61 厘米
石存地點：洛陽市偃師區岳灘鎮王莊村

〔碑額〕：源遠流長

黄大王後裔祭優碑記

敕封靈祐襄濟顯惠贊順護國普利昭應孚澤綏靖溥化保民德蔭黄大王諱守才，字完三，號對泉，河南河南府偃師縣城西南十里王家莊人。父諱德教，孟春公孫也，素通水性，纘禹承謨河務，屢著奇績。蒙盛朝恩，賜春、秋、誕辰三祭，將後裔列入祭優，相傳已久，世守勿替。至光緒二十九年，突將優户歸入庄口。族衆謹將祭優始末叙明具稟潘大老爺案下，即蒙金批，今據陳明：黄大王後裔祭優名目相沿已久，准仍照舊章，毋庸歸庄。原崇奬之本意，君恩固極優渥；遵免役之舊制，縣主亦示體恤。但恐代遠年湮，無所考據，謹勒石以誌不朽云。

例授修職佐郎候選訓導歲貢生吴鑟頓首拜撰。

族衆同立石。

光緒貳拾玖九年歲次癸卯桐月穀旦。

板橋會

村前一河往來甚難衆善士聚
錢修板橋六塊檁四個言明八
月望搭橋四月朔撤橋故在官
房不許外借將出錢善士俱列
名於後

千總王振邦 捐不叄千　劉福昌 捐不叄百
生員路乃賡 捐不壹千　常宜齡 捐不叄百
端木生徐營忠 捐不伍百　侯加福 捐不叄百
王忠 捐不叄百　劉永春 捐不叄百
從九郝保富 捐不叄千　王金成 捐不叄百
耆賓王永善 捐不弍千五　郝保玉 捐不叄百
常宜銓 捐不伍百　王教之 捐不叄百
侯國城 捐不伍百　王順之 捐不叄百
劉振修 捐不四百　劉永順 捐不弍百
侯還福 捐不四百　侯國山 捐不弍百
馮學春 捐不伍百　索文堂 捐不弍百
修橋共使不捨伍千六百文
邑庠生張德修書　[illegible]
光緒二十九年孟冬之月吉旦

582. 板橋會

立石年代：清光緒二十九年（1903年）
原石尺寸：高70厘米，寬40厘米
石存地點：安陽市林州市臨淇鎮李家寨村五聖祠

板橋會

村前一河，往來甚難。衆善士聚錢修板橋六塊，凳四個，言明八月望搭橋，四月朔撤橋，放在官房，不許外借。將出錢善士俱列名於後。

千總王振邦捐錢叁千，生員路乃賡捐錢壹千，端木生徐營忠捐錢伍百，王忠捐錢叁百，從九郝保富捐錢叁千，耆賓王永善捐錢貳千五，常宜銓捐錢伍百，侯國城捐錢伍百，劉振修捐錢四百，侯遷福捐錢四百，馮學春捐錢伍百，劉福昌捐錢叁百，常宜鈐捐錢叁百，侯加福捐錢叁百，劉永春捐錢叁百，王金成捐錢叁百，郝保玉捐錢叁百，王教之捐錢叁百，王順之捐錢叁百，劉水順捐錢貳百，侯國山捐錢貳百，索文堂捐錢貳百。

修橋共使錢拾伍千六百文。

邑庠生張德修書。

光緒二十九年孟冬之月吉旦。

皇清

創修玉梅渠碑記

救旱之策有二，一在格天心，一在因地利。昔黄髮翁知安慶，晨興登郡閣，望滿山再拜，雨即至焉，積誠所致。外此必如胡安定所云，水利之興，始可免旱魃之虐。乙亥夏旱甚，民幾不聊生，會

前府尊文諭各處開渠救旱，郭君德範、趙君連城與余公議，由玉梅村上游創開渠道。劉君錫、李君金朝、杜君金泰、郭君長印、白君楸咸願協力籌辦，共襄此舉，推余為渠長。余以衰老辭，不獲已，適命子甲榮偕郭、趙諸君董其事，遂請示存案而工作焉。諸君等勤敏督工，衆渠户踴躍趨事，未踰時而告厥成功。脩土漸變為決壞矣。所開渠起止約三里許，濬修二千餘工，溉田二百餘畝。渠口自監生樊君清亮地內穿入。此地南畔舊有小渠，同局紳張君清陽巍商，廢舊小渠，用大渠升水，樊君可多溉田若干畝。其胞兄監生清操堰南之地亦用此水灌溉，但水力微，商明概不捐稞。蒙

前縣主任定章，限十日，樊君溉三日，渠户溉七日。樊君不助工，渠户不給稞。築堰在樊君地內取土灌田之規，每逢陰年自首始，陽年自尾始。至諸君所施渠道，另勒石垂久遠。今工竣有年，公議立石以誌巔末。余樂此救旱一舉，雖不敢望勉齋，庶與安定興水利之意略髣髴也。遂濡穎而謹敘之。

從九品煥若楊金章撰文　子增生煇榮書丹

首事人：監生杜金泰　生員郭德範　監生楊甲榮　從九趙連城　李金朝　劉錫　郭維垣　郭長印　白楸

渠户：郭心誠　郭發祥　郭長發　郭維屏　趙可立　趙天機　孫福太　王喜　王興　王文広　孫金山　孫金生　孫金彦　朱千　常賓三　馬九　馬聯　張姑　裴金鐸　裴孟氏　孫王氏　裴三生

仝立石

光緒貳拾玖年歲次癸卯嘉平月中浣谷旦

583. 創修玉梅渠碑記

立石年代：清光緒二十九年（1903 年）
原石尺寸：高 162 厘米，寬 63 厘米
石存地點：洛陽市新安縣鐵門鎮玉梅村

〔碑額〕：皇清

創修玉梅渠碑記

救旱之策有二，一在格天心，一在因地利。昔黄勉齋知安慶，晨興登郡閣，望灊山再拜，雨即至，乃積誠所致。外此必如胡安定所云：水利之興，始可免旱魃之虐。己亥夏旱甚，民幾不聊生。會前府尊文諭，各處開渠救旱，郭君德範、趙君連城與余公議，由玉梅村上游創開渠道，劉君錫、李君金朝、杜君金泰、郭君長印、白君楸咸願協力籌辦，共襄此舉。推余爲渠長，余以衰老辭，不獲已，乃命子甲榮偕郭、趙諸君董其事，遂請示存案而工作焉。諸君等勤敏督工，衆渠户踴躍趋事，未逾時而告厥成功，瘠土漸變爲沃壤矣。所開渠起止約三里許，浚修二千餘工，溉田二百餘畝。渠口自監生樊君清亮地内挖入，此地南畔舊有小渠，同局紳張君清陽婉商，廢舊小渠，用大渠引水，樊君可多溉田若干畝，其胞兄監生清操堰南之地，亦用此水灌溉。但水力微，商明概不插稻。蒙前縣主王定章，限十日，樊君溉三日，渠户溉七日。樊君不助工，渠户不給稞。築堰在樊君地内取土，灌田之規，每逢陰年自首始，陽年自尾始。至諸君所施渠道，另勒石垂久遠。今工竣有年，公議立石，以誌巔末。余樂此救旱一舉，雖不敢望勉齋庶與安定興水利之意，略髣髴也。遂濡穎而謹叙之。

從九品焕若楊金章撰文，子增生耀榮書丹。

首事人：杜金泰、監生郭德範、廪生楊甲榮、從九趙連城、李金朝、劉錫、郭維垣、郭長印、白楸。

渠户：郭心誠、郭發科、郭長發、郭維屏、趙可立、趙天機、孫福太、王喜、王之典、王文慶、孫金山、孫金生、朱彦、甯寶三、馬九、馬驥、翟站、裴金鐸、裴孟氏、孫王氏、裴三生。同立石。

光緒貳拾玖年歲次癸卯嘉平月中浣谷旦。

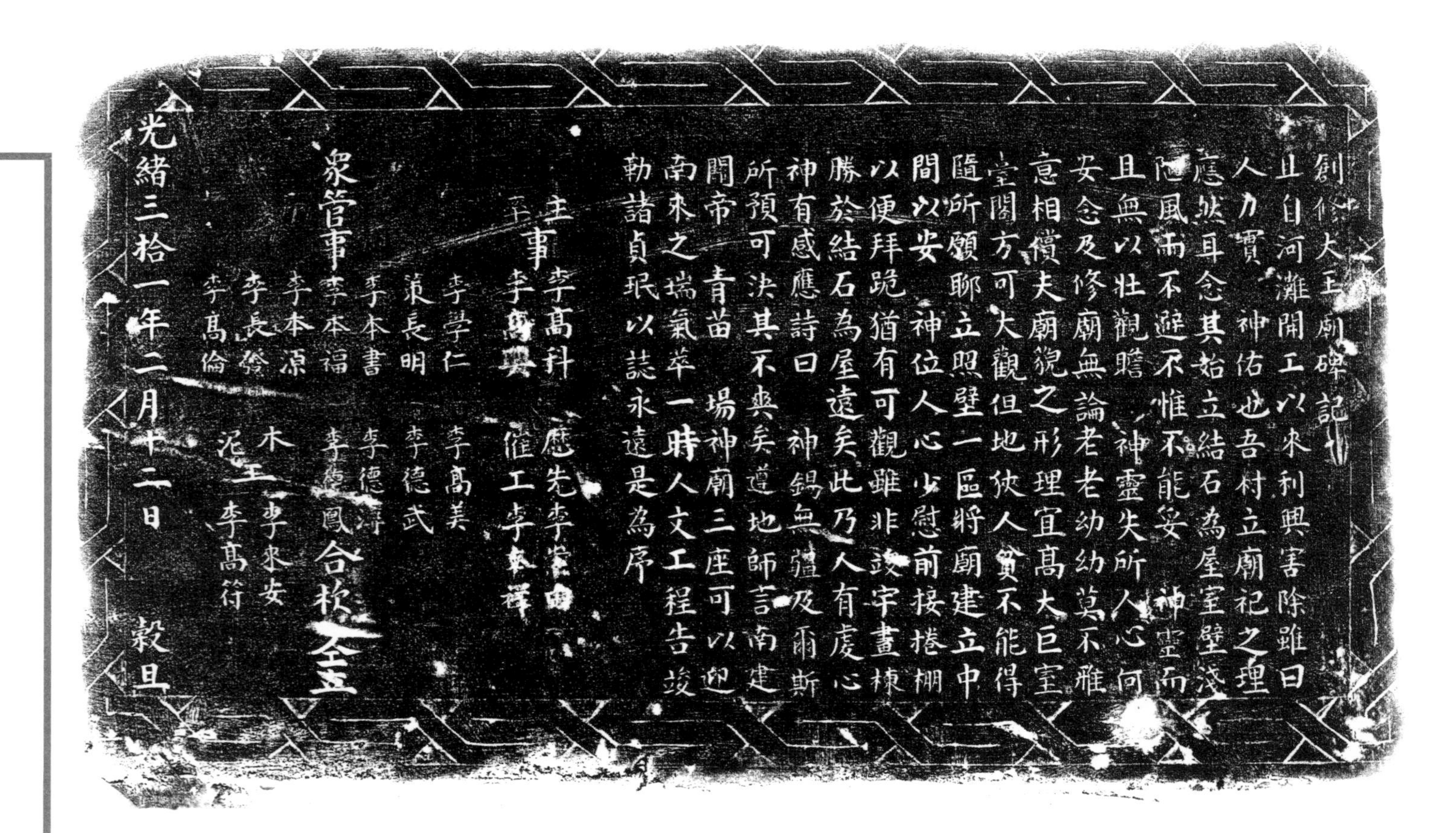

創修大王廟碑記

且自河灘開工以來利興害除雖曰人力實　神佑也吾村立廟祀之理應然耳念其始立結石為屋室壁淺陋風雨不避不惟不能妥　神靈而且無以壯觀瞻　神靈失所人心何安念及修廟無論老老幼幼莫不雅意相償夫廟貌之形理宜高大巨室堂閣方可大觀但地狹人貧不能得隨所願聊立照壁一區將廟建立中間以安　神位人心少慰前接捲棚以便拜跪猶有可觀雖非玆宇畫棟勝於結石為屋遠矣此乃人有虔心神有感應詩曰　神錫無疆及爾斯所預可決其不爽矣道地師言南建閻帝　青苗　場神廟三座可以迎南來之瑞氣萃一時人文工程告竣勒諸貞珉以誌永遠是為序

主事　李高科　李[illegible]興　應先　李[illegible]　催工　李[illegible]祥

李学仁　李高美

策長明　李德武

衆管事　李本福　李本書　李德淳　李[illegible]鳳　合村仝立

李本源　李長發　李高倫　木工　李來安　泥工　李高符

光緒三拾一年二月十二日　穀旦

584. 創修大王廟碑記

立石年代：清光緒三十一年（1905年）
原石尺寸：高44厘米，寬77厘米
石存地點：洛陽市宜陽縣錦屏鎮黄龍廟村大王廟

創修大王廟碑記

且自河灘開工以來，利興害除，雖曰人力，實神佑也。吾村立廟祀之，理應然耳。念其始立，結石爲屋，室壁淺陋，風雨不避，不惟不能妥神靈，而且無以壯觀瞻，神靈失所，人心何安？念及修廟，無論老老幼幼，莫不雅意相償。夫廟貌之形，理宜高大，巨室臺閣，方可大觀。但地狹人貧，不能得随所願，聊立照壁一區，將廟建立中間，以安神位，人心少慰。前接捲棚，以便拜跪，猶有可觀。雖非竣宇畫棟，勝於結石爲屋遠矣。此乃人有虔心，神有感應。詩曰：神錫無疆，及爾斯所。預可决，其不爽矣。遵地師言，南建關帝、青苗、場神廟三座，可以迎南來之瑞氣，萃一時人文。工程告竣，勒諸貞珉，以誌永遠。是爲序。

主事李高科，率事李高興。歷先：李索田。催工：李來祥。衆管事：李學仁、策長明、李本書、李本福、李本源、李長發、李高倫、李高美、李德武、李德溥、李德鳳。合杦同立。

木工李來安。泥工李高符。

光緒三拾一年二月十二日穀旦。

光緒丁戊二年捐賑碑記

孟子云周於利者凶年不能殺至哉言乎蓋天災流行何代蔑有惟有備者無患焉憶自光緒初年雨澤愆期陰陽不調災害頻仍至三年四年而已極赤地千里野無青草蝗蝻交集流亡載道老者轉溝壑壯者散四方以口之家去五六十室之中存一二天地為之無色鬼神為之啼是誠千古奇慘也幸賴

天恩帝賜發帑金以賑濟兩河南北浙蘇兩省念同壤之誼亦慨助以金錢而吾鄉殷戶巨賈捐米粟以惠鄰里者復至再至三今日熙熙攘攘得以安耕鑿之天者一皆當年賑卹之所遺而爾時之死者死亡者亡已不下數千百人焉向使平日各有擔斗之蓄諒不至若此之甚今已三十餘年矣不敢謂大劫之臨即在目前然亦安保其終無虞也鄉里士衆各自營備能儉一日之奉即可延一日之命猶之蓄三年之艾即不患七年之病不資賑於人而資賑於己偶遇災荒不至坐以待斃是則吾鄉之厚幸也夫

邑庠生員王慶棠撰文并書

古路溝 吉家溝 牛家莊 古申陽 周家山 仝立

大清光緒三十三年四月初二穀旦

585. 光緒丁丑戊寅年捐賑碑記

立石年代：清光緒三十二年（1906 年）
原石尺寸：高 146 厘米，寬 58 厘米
石存地點：洛陽市偃師區偃師博物館

光緒丁丑戊寅年捐賑碑記

孟子云："周於利者，凶年不能殺。"至哉言乎。蓋天灾流行，何代蔑有，惟有備者無患焉。憶自光緒初年，雨暘不調，灾害頻仍。至三年、四年而已極，赤地千里，野無青草，蝗蝻交集，流亡載道。老者轉溝壑，壯者散四方。八口之家去五六，十室之中存一二。天地爲之無色，鬼神爲之夜啼，是誠千古奇慘也。幸賴天恩沛賜，發帑金以賑濟。兩河南北、浙蘇兩省，念同壤之誼，亦慨助以金錢。而吾鄉殷户巨賈，捐米粟以惠鄰里者，復至再至三。今日熙熙攘攘得以安耕鑿之天者，一皆當年賑恤之所遺，而爾時之死者死，亡者亡，已不下數千百人焉。向使平日各有擔斗之蓄，諒不至若此之甚。今已三十餘年矣，不敢謂大劫之臨，即在目前，然亦安保其終無虞也。鄉里士衆各自警備，能儉一日之奉，即可延一日之命，猶之蓄三年之艾，即不患七年之病。不資賑於人而資賑於己，偶遇灾荒，不至坐以待斃，是則吾鄉之厚幸也夫。

邑庠生員王慶棠撰文并書。

古路溝、古申陽、吉家溝、牛家莊、周家山同立。

大清光緒三十二年四月初二穀旦。

丙午仲夏
甘泉
知輝縣事合肥
立

586-1. 甘泉碑（碑陽）

立石年代：清光緒三十二年（1906年）
原石尺寸：高220厘米，寬67厘米
石存地點：新鄉市輝縣市百泉風景區

甘泉。
知輝縣事合肥□□□立。
丙午仲夏。

甘泉記

輝之西北皆山，山下多泉，皆上出。詩衛風所謂泉源，曰其發綜名曰百泉，衛水之式源也。泉之大者，出蘇門山麓，水流曲折西南，至南雲門，與萬泉、蓮花、白沙、清暉諸泉合流入衛。民近水居者，引水灌田，兼種稻，頗以爲利。丙午春夏之交，天久不雨，宿麥就槁，秧田漸涸，二秋防歉，是用隱憂。惟念雨澤自天，誠難力致；水利在地，可以人爲。山泉既多，必有潛流之伏支待掘而出者，乃於舊泉西相地施工，巨石既鑿，二泉沸湧，汩汩其來，深不可測。沿流旁引，可增水田數十頃。其水清冽而味甘，無以志喜，自以甘泉名之。泉西則程公泉，東則嵇公泉，沙礫壅塞，水源不通，復尋蹟而疏濬之，數泉匯下，流益暢。公餘有暇，偶於春秋佳日，偕二三僚友，臨流徜徉，欣與田父野老共話豐稔，其樂何如。夫牧民以利民者也，余有志多未逮，後之官斯土，有能廣興水利，如前代白渠、芍陂者，在斯民之厚幸也夫。

光緒三十二年歲次柔兆敦牂皋月穀旦 [illegible]撰并書

586-2. 甘泉碑（碑陰）

立石年代：清光緒三十二年（1906 年）
原石尺寸：高 220 厘米，寬 67 厘米
石存地點：新鄉市輝縣市百泉風景區

甘泉記

輝之西北皆山，山下多泉，皆上出《詩·衛風》所謂泉源。因其多，統名曰百泉，衛水之一源也。泉之大者，出蘇門山麓，水流曲折，西南至南雲門，與萬泉、蓮花、白沙、清暉諸泉合流入衛。民近水居者，引水灌田，兼種稻，頗以爲利。丙午春夏之交，天久不雨，宿麥就槁，秧田漸涸，二秋防歉，是用隱憂。惟念雨澤自天，誠難力致，水利在地，可以人爲。山泉既多，必有潛流之伏支待掘而出者。乃於舊泉西相地施工，巨石既鑿，二泉沸涌，汩汩其來，深不可測。沿流旁引，可增水田數十頃。其水清洌而味甘，無以志喜，因以甘泉名之。泉西則程公泉，東則嵇公泉，沙礫壅塞，水源不通。復尋迹而疏浚之，數泉趨匯，下流益暢。公餘有暇，偶於春秋佳日，偕二三僚友臨流徜徉，欣與田父野老共話豐稔，其樂何如。夫牧民，以利民者也，余有志多未逮，後之官斯土，有能廣興水利，如前代白渠芍陂者，尤斯民之厚幸也夫。

□□□撰并書。

光緒三十二年歲次柔兆敦牂皋月穀旦。

587. 新開山口外王姓地井誌石

立石年代：清光緒三十二年（1906 年）
原石尺寸：高 60 厘米，寬 87 厘米
石存地點：焦作市博愛縣柏山鎮柏山村佛爺堂

新開山口外王姓地井誌石

嘗思民非水□不生活，水之爲用先務也。柏山村地居山坳，而水泉亦甚甘美。奈同治年間，村北行窑，水源亦幾乎竭。獨村南有井，浚井者屢起争端，有心人常爲握腕。忽有樂善王君紹禮，出□□給奎星樓前地，以爲掘井之區。於是東南北社、東南南社衆首事，出與兩社人商議，按丁派錢，開打新井。不数日間掘井九軔，源泉混混，共欣然，取之不盡，用之不竭焉。曷有云井養不窮？王明并受其福，不亦宜已。厥功告兹，誌之以示不朽云。

施財姓名開列於後。王紹禮施地舍新井地壹分口舌是非與地主無干。

東南北社：户福□出錢一千零五十文，璩秉富出錢六佰文，璩桂芳出錢六佰文，刘□□出錢七佰三十文，王步有出錢四佰五十文，璩懷貴出錢四佰五十文，刘七標出錢七佰五十文，璩宣章出錢七佰五十文，璩魁章出錢七佰五十文，王□出錢七佰五十文，尹治國出錢九佰文，璩秉清出錢三佰文，璩以正出錢二佰文，刘開出錢三佰文，高凤太出錢六佰文，刘八江出錢六佰文，璩怀荣出錢一千零五十文，刘六理出錢六佰文，璩有章出錢三佰文，范王金出錢一千零五十文，璩順河出錢六百文，尹治邦出錢九百文，刘九浩出錢一千零五十文，刘六現出錢六佰五十文，璩秉玉出錢一千零五十文，王應堂出錢九佰文，刘海出錢二千七佰文，刘壘出錢六佰文，高鳳□出錢一千五佰文，璩□□出錢一千零五十文，璩順□出錢二千一佰文，高玉出錢三佰文，尹治家出錢九佰文，刘九朋出錢五佰文，□興官出錢一千三佰五十文，刘鶴出錢六佰文，王發金出錢一千零五十文，刘七林出錢一千二佰文，刘七敬出錢六佰文，嵩金出錢三佰文，璩懷禎出錢三佰文，璩懷旺出錢三佰文，王福寶出錢九佰文，璩秉□出錢六佰文，刘青出錢六佰文，璩懷珍出錢四佰五十文，王順善出錢二千四佰文，王步云出錢四佰五十文，刘章出錢四佰五十文，刘七品出錢九佰文，璩玉秀出錢七百文，璩怀花出錢四佰五十文，璩□□出錢四佰五十文，畢□□出錢五佰文，璩秉德出錢九佰文，刘八明出錢六佰文，刘六知出錢三佰文，刘八寵出錢七佰文，王步兰出錢四佰五十文，刘七好出錢四佰五十文，刘七貴出錢六佰文，璩□章出錢九佰文，王義宝出錢六佰文，□寶出錢一千零五十文。

東南南社：刘七禄出錢一千貳佰文，刘平出錢一千三佰五十文，刘□□出錢七佰五十文，刘八□出錢六百文，刘□孝出錢九佰文，趙大寧出錢四佰五十文，□□芳出錢四佰五十文，趙明銀出錢四佰五十文，王世令出錢七佰三十文，王玉琪出錢七佰五十文，刘七安出錢三佰文，刘尚岐出錢一千零五十文，刘九□出錢一千零五十文，刘九□出錢九佰文，王占奎出錢六佰文，李明統出錢六佰文，璩保運出錢三佰文，張世有出錢四佰五十文，□占□出錢六佰文，刘尚元出錢九佰文，刘元隆出錢三佰文，王六合出錢九佰文，王作誨出錢四佰五十文，王□芝出錢三佰文，璩懷章出錢七佰五十文，張永仁出錢七佰五十文，璩清山出錢七佰五十文，王門張氏出錢七佰五十文，刘尚江出錢四佰五十文，刘七忠出錢七佰五十文，王成友出錢六佰文，王文出錢七佰五十文，王永出錢六佰文，王忠文出錢七佰五十文，王好慶出錢一千五佰文，王克俊出錢一千二佰文，刘治

才出錢九佰文，刘以明出錢四佰五十文，刘尚然出錢七佰五十文，王淇出錢七佰五十文，趙光金出錢四佰五十文，畢兆福出錢三佰文，王忠理出錢一千三佰五十文，王成河出錢四佰五十文，王忠正出錢一千零五十文，王占兰出錢六佰文，刘尚貴出錢七佰五十文，刘維忠出錢一千零五十文，璩吉章出錢九佰文，趙明傑出錢六佰文，趙明亮出錢七佰五十文，王占元出錢四佰五十文，王成普出錢一千零五十文，王成謙出錢一千二佰文，王芝兰出錢一佰五十文。

儒學生員璩□□撰書。

督工首事：劉八明、璩秉生、劉七寶、璩秉文、王永、王淇。

同立石。

石工：畢□□。

大清光緒三十二年五月下浣穀旦。

《新開山口外王姓地井誌石》拓片局部

588. 水碑記

立石年代：清光緒三十三年（1907年）
原石尺寸：高205厘米，寬67厘米
石存地點：新鄉市鳳泉區秀才莊村委會

〔碑額〕：水碑記

欽加知府銜賞戴花翎在任候補直隸州特授河南衛輝府輝縣正堂加五級紀録十次李，開興水利、建閘灌田事照得：距城西北七里有百泉一區，爲衛水之源，盡在蘇門山下。由此而南有溝渠一道，直達新鄉縣界，計長三十里，寬三四丈不等。溝……迨餘水流至雲門橋，遂於正流合而爲一，均注於丹河，同入衛河。其間，灌溉稻田約計五六十頃，利益甚溥，民皆受惠。向來如遇泉壅滯或河身淤淺之時……此係舊有之水利也。三十二年春夏之交，天久不雨，泉水欲竭，所有濱臨溝渠之地，播種秧苗，行將枯槁，民心如焚。卑職身爲民牧，與民休戚相關，民事即……以振興農務，開通利源，并以境内如有應办水利，切實籌办，諄諄札飭，當次地方旱象以成灾患將至之際，爲民上者，能不切於隱憂自應，以利民者，設法……公、程公二泉，其水翻沙而出，淤塞數十年，卑職不惜重資，自行捐廉六百餘串，插鍪備集，晝夜施工，將已淤塞二泉開挖通暢，并於二泉之間巨石内，新鑿……約可灌田数十頃。工成之後，雨亦随之，正宜疏浚溝渠。秀才等莊紳董郭海、魏光山、余炳勛、余文明、魏學淵、魏學淹、雷作善、余安瀾、郭大信、劉夢書，以伊等……甚旺，以請開挖舊有溝渠，改旱田爲稻田，俾獲利益，聯名呈懇前來。當批示：開通水利，原屬有益民生，但該處如何情形，現在能否開通，有無窒碍，候親詣……集上下游各村紳董，親詣履勘，自雲門村南起，至小王莊止，其間有舊渠一道，約三里長，渠身淤淺。四月初四日，秀才等莊據將此渠開通丈三寬、六尺深……河合流，可以灌該處稻田，察度地勢，與上下游尚無窒碍，并與南雲門有益無損，幾經慎審，實屬利多害少。且該處多開一渠，是民間多獲一利。當經指示……似開新渠一道，并在雲門拖南挖還水渠一道。又因舊渠兩岸有雲門地畝，令秀才莊出錢壹百串，分給小户，以作津貼。維時和衷共商，各無异言，即南雲……派錢文，集夫施工，由紳董經理，不假胥役之手，迨將各渠挑挖，約已改成稻田者，共地有二十餘頃，每年較旱田獲利不止倍蓰。此係卑職鑿泉開渠利……情形也。今陳立功等赴各憲衙門上控蒙批，飭檄仰衛輝府發委會勘查，訊前來随帶同府書，會同卑職傳集上下游各村紳董，復親詣該處確勘地勢，察度情形，實係有利無害，原办……而論非者少。惟此案上控之由來，現據南雲門紳董鄧玉琦、竇向仁、劉福田等聯名呈稱，實係該村大户劉禄林一人捏名所爲，將劉禄林查傳到案質訊，俯……因一時糊塗，以致飾砌上控，現經悔悮，情願出具誣告甘結，懇求從寬免究等語環結。至再供出一轆查。劉禄林捏名上控，本干律議，始念一經到案，即行……執，情有可原，自應從寬免其置議，以示體恤。原開溝渠與已修新添之閘，訊據鄧玉琦等僉稱，實係於伊村有利無害，伊等并無所争，心悦誠服，随取具切結……挖時不免少有傷損，現經府委會斷令秀才等莊再出錢二十串，仍作津貼，按户分給。兩造遵允，各無异説。自此以後，庶可永杜争端，而相彼小民尚其各樂其……

大清光緒叁拾叁年三月下旬穀旦立。

重修井碑
光緒三十三年仲秋月中旬之吉
合村全立

589. 重修井碑

立石年代：清光緒三十三年（1907 年）
原石尺寸：高 126 厘米，寬 51 厘米
石存地點：洛陽市偃師區偃師博物館

〔碑額〕：重修井碑

本村舊有廢井一所，經村豪吉東甲等苦力經營，未獲成效。然陳迹遍施，新路漸開，後人雖愚，正可承其志意，以續其貂裘者也。迄今三十餘年。而吉太栓、吉十一、吉太師、吉大坤、吉孟邑、吉太光、吉元文、吉元謙、吉維孝、吉不量，論出新法，首倡義舉，閤村公議，共襄大事。遂定於三月初七日，大運樹柴，初十日開工，挖土下框，框爲六方，土行三丈，流沙出焉。洶洶如水，涌流莫當。而太栓等大餉村衆，振力赴艱，刻意厥成。沙行約三丈，而出水焉，閤村鴻喜，孺婦喧天。不意太拴以父憂去，而井中之工，無所措手。一石誤動，大沙涌出，聲勢瀑烈，通井皆動，無人敢下。况兼水中亂石，艱巨難爲，紛紛横議，無法可施。乃有吉全喜者，素克井工，最饒胆略，一與細商，毅然承領，兼有神佑，沙止水清，乃率宗心公、吉元聚等，戰戰兢兢，日在井中，托梁换柱，水工乃成。於是，去框券石約三丈。而换磚又三丈，而於石棚合矣。時三十二年十月二十日也。至二十七日，演戲三臺，費銀八十餘兩，而井工告竣。父老告余曰："大功成矣，汝知前之所以敝乎？抽石之故也。井中之石，只可塞，不可去。可序諸石，以告後生者。"故誌諸石以傳不朽云。

鄉地吉聚。

儒士吉太光撰文并書丹。

合村同立。

光緒三十三年仲秋月仲旬之吉。

秋禾碑記

且自古迄今，歲之兇與豐，人之禍與福，莫不由天意而定。則人食人，典庄□賣妻女，耳雖聞之，今目之親見也。歲之莫克於光緒三年至四年春矣。旱既太甚，麥未種，秋未收，縣令放賑設飯厰，庄村立買賣人市，米每斗價錢一千二百文，小麥每斗一千文，玉粮每斗八百文，粗糠每斗一百文，更有饕白甘土拌粗糠聊以充飢，各村人等無食逃奔，賣十分之內不過僅存三四耳。牲口雞犬幾乎宰殺盡矣。斯人聞之，悲之孰不嘆，而畏之哉。偶於三十三年，麥雖微獲，六月十一日初伏，甘雨未降，小米每斗價錢七百文，小麥每斗六百文，玉粮每斗五百文，酹神祷雨無感而無靈。十八日暮間忽降大雨半夜，山田灘泓，沖倒田岸無數。七月初一日立秋，二伏之內，百谷始播，人孰不喟然嘆曰：秋景難望，豈收矣。不意天氣常暖，無短雨水，每畝玉粮有一石，收有石四五，穀子一石，收猶有五六斗，收蕎麥只有一二斗，收菉豆只四五升收，即是耄耋之輩未見亦未聞之也。因而村中人士□郭進德、郭楊、陳香、孫福聚、陳希孟、孫海等，俱衆論議，願勒石以為後世之鑒也。所願者各捐貲財，書台(名)於左云尔。

□□郭進德捐錢四百□文　監生孫福聚捐錢三百五十文　郭標捐錢二百八十文　陳集捐錢一百八十文　趙窑村陳香捐錢二百五十文　陳希孟捐錢一百八十文　郭鐸捐錢二百二十文　孫福來捐錢一百六十文　郭楊捐錢一百二十文　郭進明捐錢一百□文

郭進平捐錢一百七十文　郭錢捐錢九十文　孫福存捐錢一百文　郭鋭捐錢一百三十文　陳富捐錢一百四十文　陳祥捐錢一百三十文　陳榮卿捐錢七十文　郭欄捐錢二百一十文　陳福捐錢二十文　陳連捐錢五十文

郭鑑捐錢四十文　郭棟捐錢六十文　張清賢捐錢五十文　李春捐錢一百二十文　郭進寶捐錢四十文　郭進合捐錢七十文　郭進富捐錢五十文　郭進寶捐錢七十文　陳有富捐錢二五十文　□□劉樹森捐錢一千三百文

郭進福捐錢二十文　郭文捐錢二十文　郭得祥捐錢一百廿文　盧吉捐錢三十文　原巨捐錢五十文　李法林捐錢四十文

東□□□郭翠山撰文　邑庠生武郭殿卿書丹　裴武堂仝刻石　林邑南庄李克金

大清光緒三十四年歲次戊申四月十五日趙窑村合社收粮食出□每石三文半仝□

590. 秋禾碑記

立石年代：清光緒三十四年（1908 年）
原石尺寸：高 133 厘米，寬 54 厘米
石存地點：新鄉市輝縣市張村鄉趙窑村

〔碑額〕：秋禾碑記

且自古迄今，歲之凶與豐，人之禍與福，莫不由天意而定矣。則人食人、典庄田、賣妻女耳，雖聞之，非若目之親見也。歲之凶莫凶於光緒三年至四年春矣，旱既太甚，麥未種，秋未收，縣令放賑，設飯廠，庄村立買賣人市，小米每斗價錢一千二百文，小麥每斗一千文，玉粮每斗八百文，粗糠每斗一百文。更有鑿白甘土拌粗糠，聊以冲饑。各村人等死與逃與賣，十分之内，不過僅存三四耳。牲口、鷄犬，幾乎宰殺盡矣。斯人聞之見之，孰不嘆而畏之哉。偶於三十三年，麥雖微獲，六月十一日初伏，甘雨未降，小米每斗價錢七百文，小麥每斗六百文，玉粮每斗五百文。酬神禱雨，無感而無灵。十八日暮間，忽降大雨，半夜山田溝洫冲倒田岸無数。七月初一日立秋，二伏之内，百谷始播，人孰不喟然嘆曰，秋景難望豐收矣。不意天氣常暖，無短雨水，每畝玉粮有一石收，又有石四五收，谷子一石收，猶有五六斗收，蕎麥只有一二斗收，菉豆只四五升收。即耄耋之輩未見，亦未聞之也。因而村中人貢生郭進德、郭楊、陳香、孫福聚、陳希孟、孫海等，偕衆商議，願勒石以爲後世之鑒也，所願者各捐資財，書台玉於左云尔。

東岡眼文童郭翠山撰文，邑庠武生郭殿卿書丹。

貢生郭進德捐錢四百六十文，武童孫福聚捐錢三百五十文，郭標捐錢二百八十文，陳桂捐錢一百八十文，趙窑村陳香捐錢二百五十文，陳希孟捐錢一百八十文，郭鐸捐錢二百二十文，孫福來捐錢一百六十文，郭楊捐錢一百二十文，郭進明捐錢一百六十文。郭進平捐錢一百七十文，郭錢捐錢九十文，孫福存捐錢一百文，郭錕捐錢一百三十文，陳富捐錢一百二十文，陳祥捐錢一百六十文，陳卿、陳榮捐錢七十文，郭欄捐錢一百一十文，陳福捐錢二十文，陳連捐錢五十文。郭鑑捐錢四十文，郭棟捐錢六十文，張清賢捐錢五十文，李春捐錢一百二十文，郭進寶、郭進安捐錢四十文，郭進合捐錢七十文，郭進富捐錢五十文，郭進賢捐錢七十文，陳有富捐錢五十文，陳有貴捐錢二十文，劉樹森捐錢二百文。郭進福捐錢二十文，郭文捐錢三十文，鄧得禄、鄧得祥捐錢一百廿文，盧吉捐錢三十文，原巨捐錢五十文，李法林捐錢四十文。

林邑南庄裴武堂、李克金同刻石。

大清光緒三十四年歲次戊申四月十五日，趙窑村合社以粮食出錢，每石四文半，同立。

591. 小丹河東渠碑記

立石年代：清光緒三十四年（1908 年）
原石尺寸：高 115 厘米，寬 58 厘米
石存地點：新鄉市獲嘉縣黄堤鎮馬廠村

小丹河東渠碑記

獲嘉之西有渠焉，曰小丹河東渠。小丹河東渠者，其地勢南高北下，避水之害，以爲利者也。經始於嘉慶五年，南起獅子營後，北迄丹河南岸，入於丹河□□，導爲支渠。西南行至孫莊曰孫莊渠，長一千步。當時第爲引取食水兼泄積水而設，迨後邑令請上官設閘於丹河南岸，築石壩於渠口，使丹水平槽南注，逆行而□□丹河，以濟漕運。而東截水南行，則運河舟楫且爲之不便，於國計商情所損至巨。不有以限制，其閘之啟閉，將所得不逮所失矣。是故歷今百餘年，渠閘啟閉，歲□□之旱，不得以灌若田也。光緒戊申二月，獲境苦旱，獅子營民人引丹水灌溉，猶以爲未足，而修武縣境東馬廠民人截渠水以灌己之田，兩村交相鬨鬥，咸曰此□□。東馬廠民人亦以文契爲憑，相争不决。方是時，李公經邁陳臬河南，石公庚分巡河北，獲邑之民乃陳訴於司道。石公准李公咨檄燮會勘。九月戊戌，乃從□□，乃集兩村耆老而告之曰：子之所争，不以此渠爲隸屬獲邑者乎？彼此之所争訟，不以灌溉臨渠之地而起乎？曰：然。然則東馬廠臨渠之地，非買自獲邑者乎？曰買自□□邑寄莊地。嗟乎！然則此訟决矣。夫東馬廠臨渠之地，當其未屬於東馬廠也，固獲邑地也。及既屬東馬廠也，雖修武之民耕之獲之，而其地猶獲邑地也。以獲邑之地□□也，固於鄰渠之地相連屬，而不可析者也。鄰渠之地，今屬於村者三：曰獅子營、曰孫莊、曰東馬廠。然則此東渠者，吾知其爲三村公共之渠，斷可知矣。且前人不既勒爲成碑陰之文不曰買賣鄰渠地畝，丈量渠中爲界乎？此其明證矣。燮不敏，詎敢不以两村先達之言是循，自今以後，其必以渠中爲界。三村两邑之民，蓋聞此而□言歸於好也，鄰里戚黨，噫乎其怡怡如故也。雖然，燮蓋有所進焉。碑陰之文復曰：每逢澆地，由南而北。不明著其村名，非漏也，是固明知臨渠之地，必不屬於一村二村也。日後放水澆地，歲弗逾二次，先僅獅營澆灌，以四日爲度，次及孫莊澆灌，以二日有半爲度，孫莊支渠别給一日。又次乃及東馬廠澆灌，亦以二日有半爲度。三村之民公□□罰。挑河上壩，集資出夫，則按臨渠地畝長短均匀攤派。謹明定章程，列於後方，俾村民其永永遵守焉。是爲記。

戴花翎知府銜特用府在任候補直隸州知州知河南事兼襲雲騎尉世職上元苗燮撰文。

東馬廠首事監生孫在墀、監生孫振蘭、監生趙子君、劉□。孫莊首事典籍潘石芝、賀道五、孫寶元、劉□。獅子營首事可傳文、岳體仁、張振發、王□。

光緒三十四年九月晦日。

荒年碑記

荒年序　　　　　　　　　　　　　　　　合社全誌

自來天災流行國家代有光緒三年旱蝗迭被以致饑饉彰德等屬之災林縣尤甚聞濟源新鄉原陽二武及河南府陝州皆然然他處未及親見本邑實所目覩林當是歲麥天收成僅一二分至秋更一粒不見蕭之秋後未能種麥斗米二千五百文麥價相同其餘雜糧價錢亦不下串馬歲大凶荒民不聊生始而食秕穀繼食樹葉食榆皮食蘇餅食蕎麥花蕎麥稭食蒺藜食乾草食白肝子土有牛羊者殺牛羊以供食有田產者賣田產以易食至賣妻女賣騾馬變換器物折毀房屋以易食者更不可勝數小村一空大村減去多半尤可悲者刮死人肉以食刮肉不已繼而挖墓繼而殺人且不但人食人甚而有父子相食者他如流離死亡不計其數劫掠搶奪屢有其人略有口食之家夜夜不能安枕一經搶掠束手待斃迨來年三月上旬間雨降一犁五穀頗種方謂生機有待不料至四五月間瘟疫大發以病故者又復不少至六七月間黍稷方熟瘦瘠之人食而悶死者亦孔之多大劫如斯實屬千秋罕見凶年若此洵為萬古稀聞幸

聖天子軫念民瘼於三年冬四年春籌餉發帑賑濟災區尚得全活一二不然吾儕小人至今靡有孑遺矣茲值廟宇落成並述其事勒石以記俾後之人觸目警心思患預防稍知節儉庶不負立碑之意也夫

邑庠生王資午普瞳氏書丹

592. 荒年序

立石年代：清光緒年間
原石尺寸：高188厘米，寬63厘米
石存地點：安陽市林州市臨淇鎮梨林村老君廟

〔碑額〕：荒年碑記

荒年序

合社同誌。

自來天灾流行，國家代有。光緒三年，旱蝗迭被，以致饑饉。彰德等属之灾，林縣尤甚。聞濟源、新鄉、原陽二武及河南府陝州皆然。然他處未及親見，本邑實所目睹。林當是歲，麥天收成僅一二分，至秋更一粒不見。兼之秋後未能種麥，斗米一千五百文，麥價相同，其餘雜糧價錢亦不下串焉。歲大凶荒，民不聊生，始而食秕穀，繼食樹葉、食榆皮、食麻餅、食蕎麥花、蕎麥稭、食蒺藜、食乾草、食白肝子土。有牛羊者殺牛羊以供食，有田產者賣田產以易食。至賣妻女、賣騾馬、變换器物、拆毁房屋以易食者，更不可勝數。小村一空，大村減去多半。尤可悲者，刮死人肉以食。刮肉不已，繼而挖墓，繼而殺人，且不但人食人，甚而有父子相食者。他如流離死亡，不計其數，劫掠搶奪，屢有其人。略有口食之家，夜夜不能安枕，一經搶掠，束手待斃。迄來年三月上旬間，雨降一犁，五穀頗種，方謂生機有待。不料至四五月間，瘟疫大發，以病故者又復不少，至六七月間，黍稷方熟，瘦瘠之人食而悶死者，亦孔之多。大劫如斯，實属千秋罕見；凶年若此，洵爲萬古稀聞。幸聖天子軫念民瘼，於三年冬、四年春，籌餉發帑，賑濟灾區，尚得全活一二。不然吾儕小人，至今靡有孑遺矣。玆值廟宇落成，并述其事，勒石以記，倘後人之觸目警心，思患預防，稍知節儉，庶不負立碑之意也夫。

邑庠生王資午普暄氏書丹。

〔注〕：此碑爲利用“重修聚仙庵碑記”碑陰刻制而成，内容不同但實爲同一塊碑的兩面。

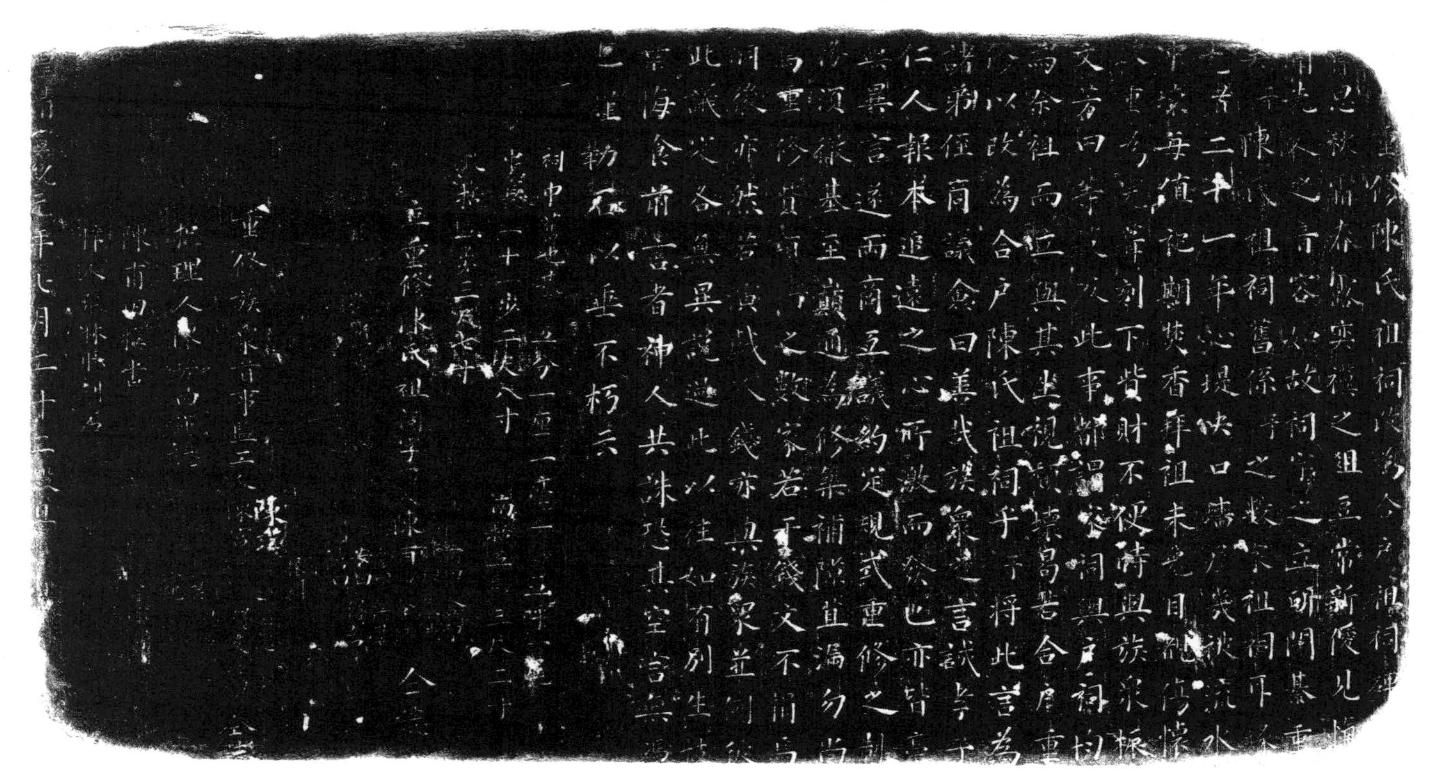

593. 重修陳氏祖祠改爲合户祖祠碑

立石年代：清宣統元年（1909 年）
原石尺寸：高 43 厘米，寬 80 厘米
石存地點：焦作市沁陽市西向鎮北魯村陈氏宗祠

重修陳氏祖祠改爲合户祖祠碑

嘗思秋霜春露，奕祀之俎豆常新，僾見愾聞先人之音容如故。祠宇之立，所關綦重矣。予陳氏祖祠舊係予之数家祖祠耳，緣光緒二十一年沁堤决口，墻屋幾被流水冲壞。每值祀期，焚香拜祖，未免目睹傷懷。欲重爲完葺，刻下資財不便。時與族衆振文、芳田等談及此事，都謂家祠與户祠均爲祭祖而立，與其坐視頹壞，曷若合户重修以改爲合户陳氏祖祠乎？予將此言爲諸弟侄商議，僉曰："善哉！族衆之言，誠孝子仁人報本追遠之心所激而發也。"亦皆毫無异言，遂兩商互議，約定規式，重修之制，務須徹基至巓通爲修築，補隙苴漏勿尚爲。重修資項，予之數家若干錢文不捐，爲嗣後亦然。若演戲派錢，亦與族衆并例。彼此議定，各無异説，過此以往，如有别生枝葉，悔食前言者，神人共誅。恐其空言無憑也，謹勒石以垂不朽云。

祠中舊地基，五分一厘一毫一絲五呼一塵。

中□長二十一步二尺八寸，南括五步三尺二寸，北括五步三尺七寸。

立重修陳氏祖祠字石人：陳葡田、陳□田、陳甫田、陳□田、陳安田、陳喜田、陳□□、陳□□、陳合印、陳春□、陳□□、陳得學□□□……同誌。

重修族衆首事監工人：陳□、陳富□□□……陳思德、陳得友、陳萬民……陳萬順同誌。

總理人陳芳田謹誌。

陳甫田撰書。

梓人張林旺刊石。

皇清宣統元年七月二十二穀旦。

人惟大公□私，物我無間，方能遇一善事不惜己有以公諸衆。或有非真意為善，而迫於勢，拘於情，不得不□己有以公諸衆者，往往然也。若狄、王諸君，賦性敦篤，素樂為善，凡有善舉，莫不欣從。本村家□舊有同議渠道經君地，諸君慨然樂施，毫無吝色。嗣後旱澇無恤，永享無窮之利，誠千古□善事也。衆人被其恩，不忍泯其德，因勒諸石，俾君之善行永垂不朽，而後之為善者亦將有所感而奮然興焉。　段潤洲撰并書丹

狄公振海　克明

王公如用

共施同議渠地碑

同議渠衆地戶仝立

宣統己酉八月谷旦

594. 狄公振海克明王公如用共施同議渠地碑

立石年代：清宣統元年（1909 年）
原石尺寸：高 162 厘米，寬 58 厘米
石存地點：三門峽市澠池縣洪陽鎮吴莊村

〔碑額〕：壽

狄公振海克明王公如用共施同議渠地碑

人惟大公無私，物我無間，方能遇一善事，不惜己有，以公諸衆。或有非真意爲善，而迫於勢、拘於情，不得不出己有，以公諸衆者，往往然也。若狄、王諸君賦性敦篤，素樂爲善，凡有善舉，莫不欣從。本村家東舊有同議渠道經君地，諸君慨然樂施，毫無吝色，嗣後旱澇無恤，永享無窮之利，誠千古一善事也。衆人被其恩，不忍泯其德，因勒諸石，俾君之善行，永垂不朽。而後之爲善者，亦將有所感而奮然興焉。

段澗洲撰并書丹。

同議渠衆地户同立。

宣統己酉八月谷旦。

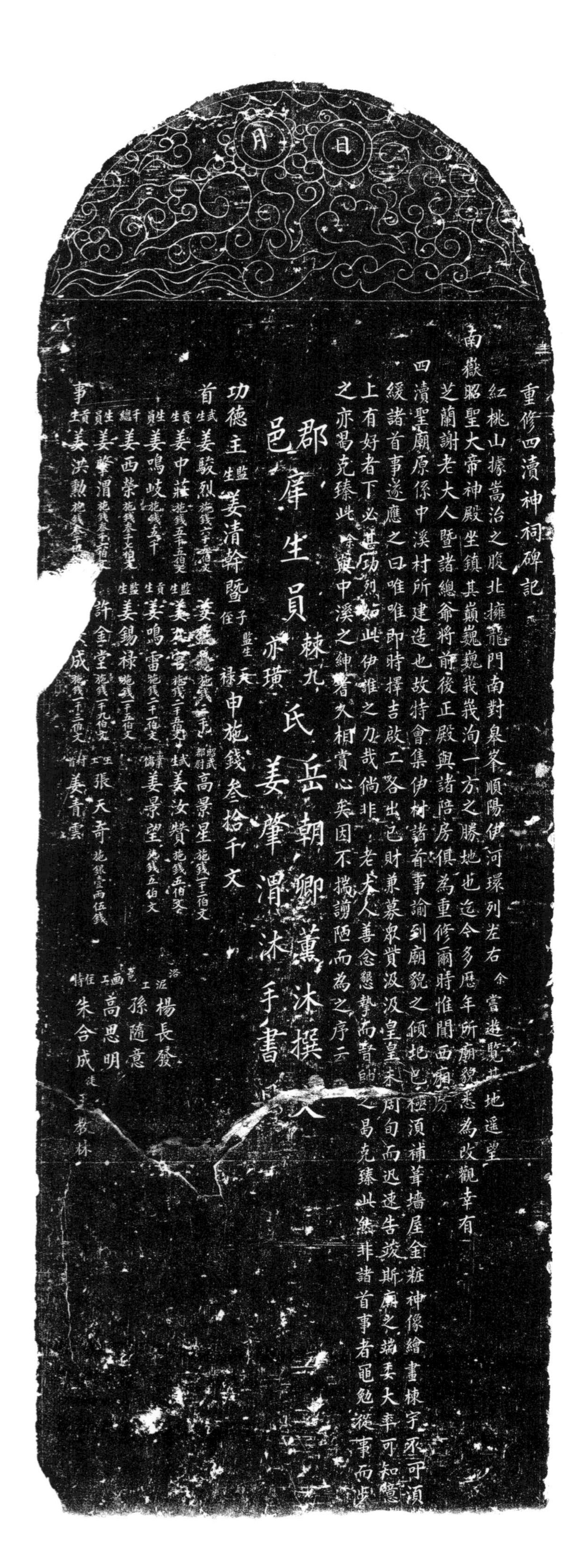

重修四瀆神祠碑記

紅桃山據嵩治之腹，北擁龍門，南對泉峯，順陽伊河環列左右。余嘗遊覽其地，遥望

南嶽昭聖大帝神殿坐鎮其巔，巍巍峩峩，洵一方之勝地也。迄今多歷年所，廟貌悉為改觀。幸有

芝蘭謝老大人暨諸總爺將前後正殿與諸陪房俱為重修。爾時惟聞西廟房

四瀆聖廟原係中溪村所建造也，故持會集伊村諸首事，諭到廟貌之傾圮也，極須補葺墻屋，金粧神像，繪畫棟宇，丕可須

緩。諸首事遂應之曰：唯唯。即時擇吉啟工，各出己財，兼募衆貲，汲汲皇皇，未周旬而迅速告竣。斯廟之端委大率可知。總

上有好者，下必甚焉。功烈如此，伊誰之力哉？倘非老大人善念懇摯而督飭之，曷克臻此？然非諸首事者黽勉從事而步

之，亦曷克臻此？余與中溪之紳耆久相貫心，矣因不揣譾陋而為之序云。

郡庠生 棘九氏 岳朝卿薰沐撰文

邑庠生員 亦璜氏 姜肇渭沐手書丹

功德主 監生 姜清斡暨侄子監生天祿申施錢叁拾千文

首事

武生 姜駿烈 施錢六千[illegible]文

貢生 姜中莊 施錢五千五伯文

貢生 姜鳴岐 施錢五千

千總 姜西榮 [illegible]

生員 姜肇渭 [illegible]

貢生 姜洪勳 [illegible]

監生 姜[illegible] [illegible]

監生 姜光宮 [illegible]

貢生 姜鳴雷 施錢二千五伯文

監生 姜錫祿 施錢二千五伯文

許金堂 [illegible]

[illegible]成 [illegible]

武都司 高景星 施錢三千二伯文

武生 姜汝贊 施錢五伯[illegible]

儒童 姜景望 施錢五伯文

王生 張天奇 施銀壹兩伍錢

付首 姜青雲

泥工 洛 楊長發

孫隨意

畫工 高思明

住持 朱合成 徒 王教林

595-1. 重修四瀆神祠碑記（碑陽）

立石年代：清宣統元年（1909 年）
原石尺寸：高 187 厘米，寬 64 厘米
石存地點：洛陽市伊川縣鳴皋鎮南岳廟

〔碑額〕：日　月

重修四瀆神祠碑記

紅桃山據嵩治之腹，北擁龍門，南對皋峰，順陽伊河，環列左右。余嘗游覽其地，遥望南嶽昭聖大帝神殿，坐鎮其巔，巍巍峨峨，洵一方之勝地也。迄今多歷年所，廟貌悉爲改觀。幸有芝蘭謝老大人暨諸總爺，將前後正殿與諸陪房俱爲重修。爾時，惟聞西厢房四瀆聖廟，原係中溪村所建造也。故特會集伊村諸首事，諭到：廟貌之傾圮已極，須補葺墻屋，金妝神像，繪畫棟宇，不可須□緩。諸首事遂應之曰唯唯。即時擇吉啟工，各出己財，兼募衆資，汲汲皇皇，未周旬而迅速告竣。斯廟之端委，大率可知。噫□！上有好者下必甚，功烈如此，伊誰之力哉？倘非老大人善念懇摯而督帥之，曷克臻此？然非諸首事者黽勉從事，而涉□之，亦曷克臻此？余與中溪之紳耆久相賞心矣，因不揣謭陋而爲之序云。

郡庠生員棘九氏岳朝卿薰沐撰文，邑庠生員亦璜氏姜肇渭沐手書丹。

功德主：監生姜清幹暨子監生天申、侄禄申施錢叁拾千文。

首事：武生姜駿烈施錢六千五佰文。貢生姜中莊施錢五千五佰文。生員姜鳴岐施錢五千。千總姜西榮施錢叁千七佰文。生員姜肇渭施錢叁千六佰文。貢生姜洪勳施錢叁千五佰文。姜□發施錢三千。監生姜九官施錢二千五佰文。貢生姜鳴雷施錢二千一佰文。監生姜錫禄施錢一千五佰文。許金堂施錢一千九佰文。□□成施錢一千三佰文。昭武都尉高景星施錢一千二佰文。武生姜汝贊施錢五佰文。業儒姜景望施錢五佰文。

玉工張天奇施銀壹兩伍錢。村首姜青雲，洛邑泥工楊長發、孫随意，畫工高思明，住持朱合成，徒王教林。

595-2. 重修四瀆神祠碑記（碑陰）

立石年代：清宣統元年（1909 年）
原石尺寸：高 187 厘米，寬 64 厘米
石存地點：洛陽市伊川縣鳴皋鎮南岳廟

布施姓名開列於左：

監生姜洪範錢二千八百文。監生姜鳴岡錢一千九百五十。典籍姜長清錢一千二百文。姜好問錢一千一百五十。姜興周錢九百六十。姜守烈錢九百文。李東周錢九百文。姜大朝錢九百文。姜夢松錢九百文。王鳳鳴錢八百五十。姜好智錢八百五十。姜天奇錢八百文。姜贊周錢八百文。姜肇基錢七百五十。姜肇周、李瑞蹊、李清松各七百文。姜夢蛟、姜保甲各錢六百七十。張成錢六百六十。姜文庭、高折桂各錢六百三十。姜慎修、姜新堂、姜文俊、姜小朝、姜冠英、耆英高得雲各錢六百文。監生姜名正錢七百文。姜自申錢六百文。劉受禄錢五百八十文。姜好信錢五百七十文。姜五泰、姜永安、姜吉星各五百五十文。李清倫錢五百四十文。監生姜克正、姜長新、高聚成、姜新府各五百文。姜大洛、姜金滕各四百六十文。姜肇業、武生姜超各四百五十文。劉進德錢四百五十文。李殿選、姜錫撈各四百二十文。姜清傑、姜心安、趙振邦、姜高林各四百文。姜肇信錢三百九十文。姜春月錢三百七十文。姜建寅、姜中林各三百六十文。姜金禄、姜銘勛、李學貴、武生王見賓各三百五十文。陳金玉、姜福平各錢三百四十文。高乃聽錢三百三十文。姜文月、姜金武、姜肇成、李殿軍、王西白、姜書禮、姜渭標、姜九州、姜汝欽、姜心寬、姜金堂、姜德淵各錢三百。姜騰彩、姜起堂、姜冠軍、胡遵清、徐進□、薛訥□、姜西□、姜□□、高□□、姜□□、姜肇□、姜三□、姜□□、許□□、姜德順、姜超群、李清善、姜王成、姜名揚、姜大興、姜鬧娃、姜丙辛、姜庚申、姜三保、周文清各施錢三百文。王東營施錢三百四十文。

大清宣統元年季□上浣。

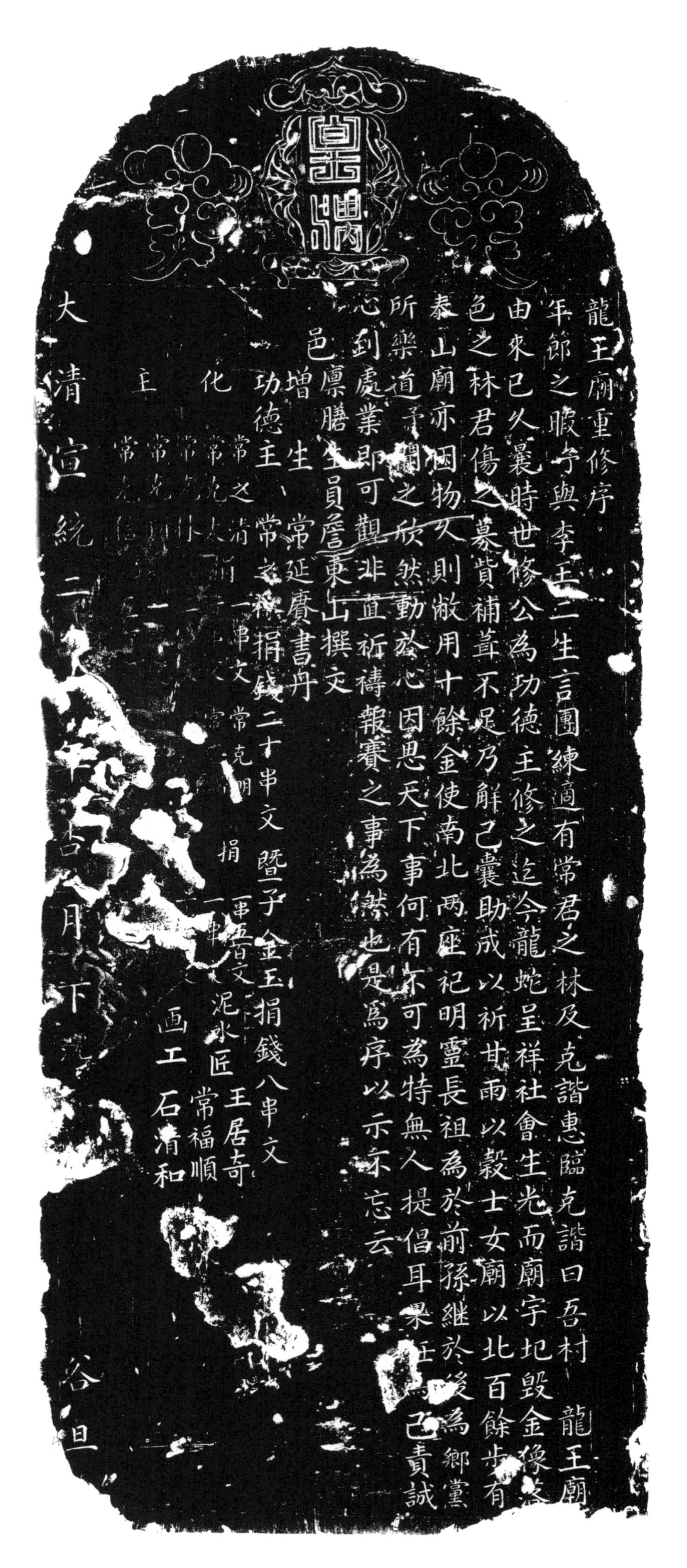

龍王廟重修序

年節之暇，予與李王二生言圍練，適有常君之林及克諧惠臨。克諧曰：吾村龍王廟由來已久，曩時世修公為功德主修之，迄今龍蛇呈祥，社會生光，而廟宇圮毀，金像□□色。之林君傷之，募貲補葺不足，乃解己囊助成，以祈甘雨以穀士女。廟以北百餘步有泰山廟，亦因物久則敝，用十餘金，使南北兩座祀明靈長，祖為於前，孫繼於後，為鄉黨所樂道。予聞之欣然動於心，因思天下事何有不可為，特無人提倡耳。果任為己責，誠心到處，業即可覩，非直祈禱報賽之事為然也。是為序，以示不忘云。

邑廪膳生員詹東山撰文

邑增生常延賡書丹

功德主、常之祥捐錢二十串文 暨予金玉捐錢八串文

常之清一串文 常克明捐一串五百文 王居奇

化 常克太 □ 一串 泥水匠 常福順

常克朴 □□□ 畫工 石清和

主 常克明 □□□

常克信 □□□

大清宣統二年□□月下浣穀旦

596. 龍王廟重修序

立石年代：清宣統二年（1910 年）
原石尺寸：高 130 厘米，寬 51 厘米
石存地點：洛陽市宜陽縣三鄉鎮古村常氏祠堂

〔碑額〕：皇清

龍王廟重修序

年節之暇，予與李、王二生言團練，適有常君之林及克諧惠臨。克諧曰：吾村龍王廟由來已久，曩時世修公爲功德主修之，迄今龍蛇呈祥，社會生光，而廟宇圮毀，金像落色。之林君傷之，募資補葺，不足乃解己囊助成，以祈甘雨，以穀士女。廟以北百餘步，有泰山廟，亦因物久則敝，用十餘金使南北兩座祀明靈長。祖爲於前，孫繼於後，爲鄉黨所樂道。予聞之，欣然動於心，因思天下事，何有不可爲，特無人提倡耳。果任爲己責，誠心到處，業即可觀，非直祈禱報賽之事爲然也。是爲序，以示不忘云。

邑廩膳生員詹東山撰文，邑增生常延賡書丹。

功德主：常之林捐錢二十串文，暨子金玉捐錢八串文。

化主：常之清捐□一串文，常克太捐□一串文，常克林捐□一□□，常克新捐□一□□，常克信捐□五百□，常克明捐□一串五百文，常□諧捐□一□文……

泥水匠：王居奇、常福順。画工：石清和。

大清宣統二年杏月下浣谷旦。

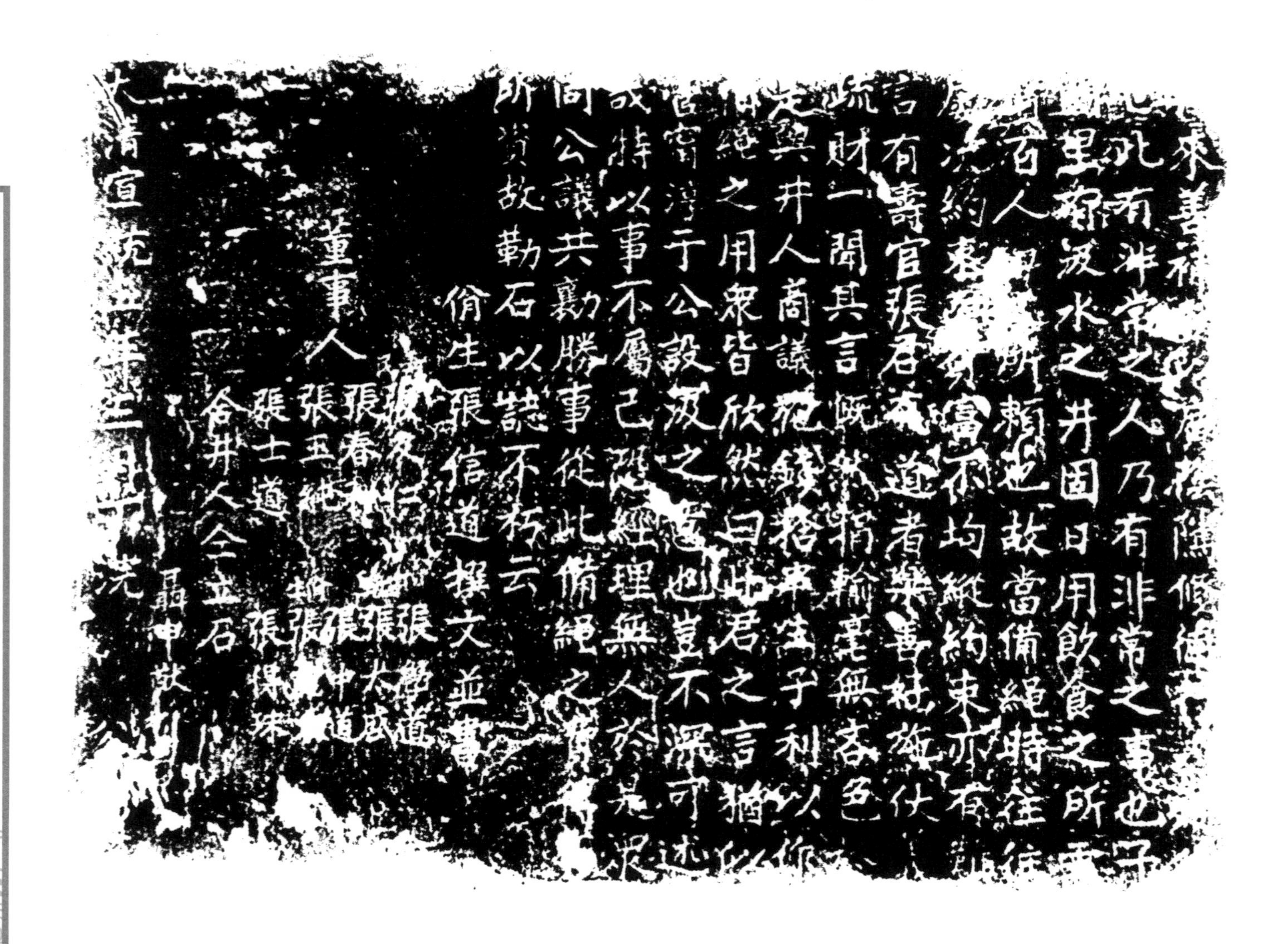

597. 陳村施錢生息備井繩用碑

立石年代：清宣統三年（1911 年）
原石尺寸：高 38 厘米，寬 48 厘米
石存地點：洛陽市新安縣鐵門鎮陳村

從來善補助以廣陰騭，修德行□延後世，此有非常之人，乃有非常之事也。予閭里有汲水之井，固日用飲食之所需，實百人□□所賴也，故當備繩。時往往屢次約束，□貧富不均，縱約束亦有難言。有壽官張君□道者，樂善好施，仗義疏財，一聞其言，慨然捐輸，毫無吝色，於是與井人商議，施錢拾串，生子利以作備繩之用，衆皆欣然曰：此君之言猶似管寧、淳于公設汲之意也，豈不深可述哉！特以事不屬己，恐經理無人，於是衆同公議共襄勝事，從此備繩之費得□所資，故勒石以誌不朽云。

佾生張信道撰文并書。

董事人：壽民：張友仁、張學道、張春和、張太盛、張玉純、張中道。

佾生：張□□、張士道、張得珠。合井人同立石。

聶申猷刻石。

大清宣統三年三月下浣公立。

利賴萬頃灌溉合豐稔同功

598. 三公祠楹聯

立石年代：清代
原石尺寸：横批长 91 厘米，寬 23 厘米；上下聯长 134 厘米，寬 23 厘米
石存地點：濟源市五龍口

横批：萬代霖雨
上聯：永開千渠惠澤與廣濟媲美
下聯：利賴萬頃灌溉合豐稔同功

〔注〕：此碑係爲紀念明代濟源三任知縣史紀言、石應嵩、涂應選鑿修永利渠有功而開鑿的石窟楹聯。

哉條規思深慮遠意美法良世遠年
以免爭端
至宜永之交復入洛澗一丈二
河有常灌溉五村定畨五十有
正天運變遷畨水不無當賣買
示長項名興工否則私買私當
明已存縣案並鐫碑陰以便
公誌

599-1. 永昌渠水條規碑記（碑陽）

立石年代：清代
原石尺寸：高 86 厘米，寬 66 厘米
石存地點：洛陽市洛寧縣城郊鄉冀莊村

……載條規，思深慮遠，意美法良，世遠年……以免争端。……至宜永之交，復入洛，濶一丈二……河有常灌溉，五村定番，五十有……天運變遷，番水不無當賣買……渠長頂名興工，否則私買私當……明，已存縣案里，鎸碑陰以便……

……同誌。

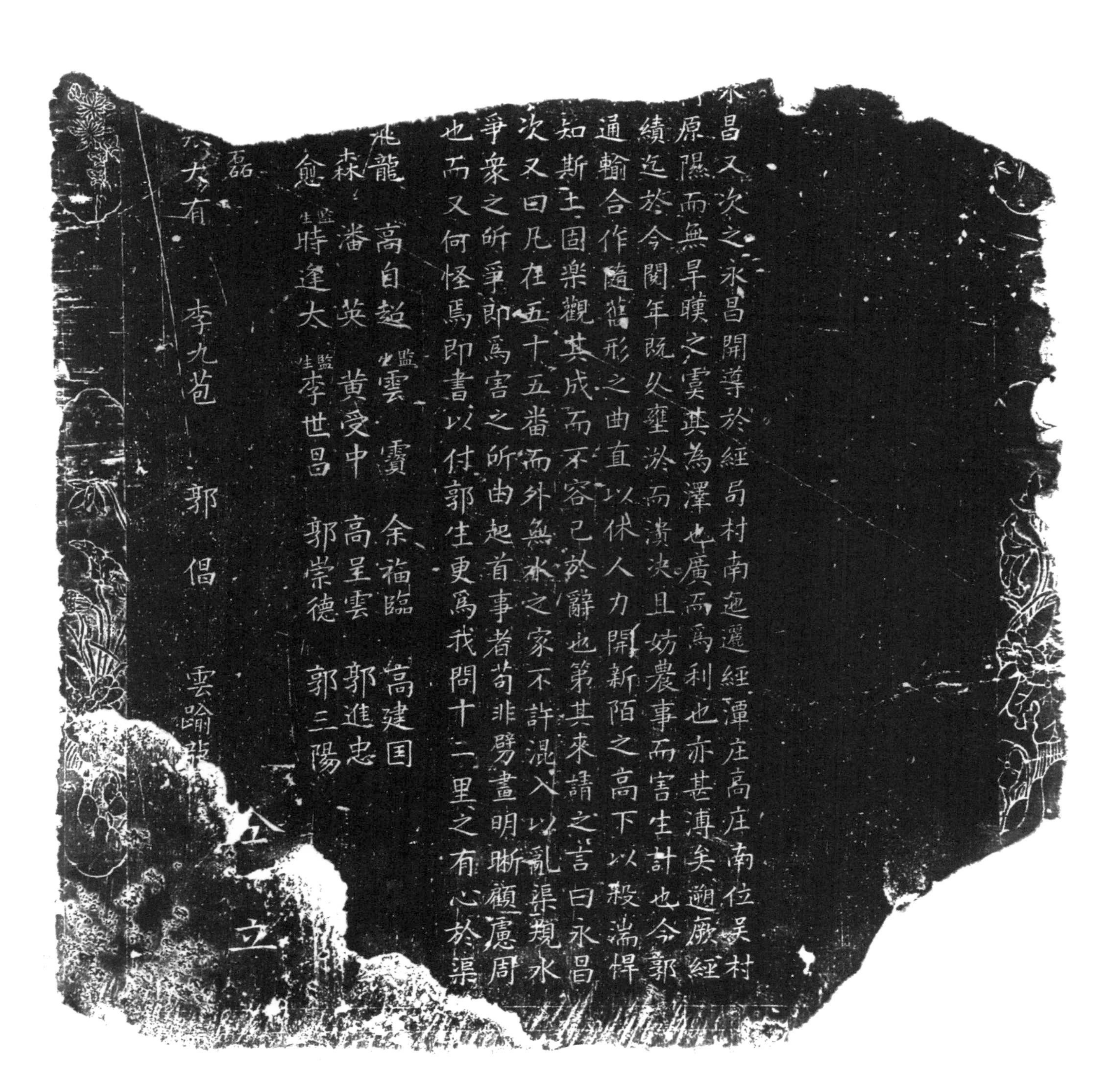

永昌又次之永昌開導於經昌村南迤邐經渾庄高庄南位吳村
原隰而無旱暵之虞其為澤也廣而爲利也亦甚溥矣邇廞經
績迄於今閱年既久壅淤而潰決且妨農事而害生計也今郭
通輸合作隨舊形之曲直以佽人力開新陌之高下以殺湍悍
知斯土固樂觀其成而不容已於辭也第其來請之言曰永昌
次又曰凡在五十五畓而外無水之家不許混入以亂渠規永
爭衆之所爭即爲害之所由起首事者苟非劈畫明晰顧慮周
也而又何怪焉即書以付郭生更爲我問十二里之有心於渠

飛龍　高自超　監生雲　霣　余福臨　高建国
森　潘　英　黃受中　高呈雲　郭進忠
愈　監生時逢太　監生李世昌　郭崇德　郭三陽

磊
大有　李九苞　郭　倡　雲　蹻

立

599-2. 永昌渠水條規碑記（碑陰）

立石年代：清代
原石尺寸：高 86 厘米，寬 66 厘米
石存地點：洛陽市洛寧縣城郊鄉冀莊村

……永昌又次之，永昌開導於經局村南，迤邐經潭庄、高庄、南位、吴村……原隰而無旱暵之虞。其爲澤也廣，而爲利也亦甚溥矣。遡厥經……績，迄於今，閲年既久，壅淤而潰决，且妨農事而害生計也。今郭……通輪合作。随舊形之曲直，以休人力；開新陌之高下，以殺湍悍。……知斯土，固樂觀其成，而不容己於辭也。第其來請之言曰：永昌……次又曰：凡在五十五番而外無水之家，不許混入，以亂渠規，水……争衆之所争，即爲害之所由起，首事者苟非劈畫明晰，顧慮周……也，而又何怪焉。即書以付郭生，更爲我問十二里之有心於渠……

……□飛龍、□森、□□愈、高自超、潘英、監生時逢太、監生雲賔、黄受中、監生李世昌、余福臨、高呈雲、郭崇德、高建國、郭進忠、郭三陽、□磊、張大有、李九苞、郭倡、雲逾龍。同立。

600-1. 永昌渠争訟官斷碑記（碑陽）

立石年代：清代
原石尺寸：高 94 厘米，寬 63 厘米
石存地點：洛陽市洛寧縣城郊鄉冀莊村

……規，使水各有定分，因竊嘆夫强霸謀騙者之徒，見其多事也。如我永昌渠……十年其間，有郭公諱彦倉者，父子相繼出己財助工役，重開兩次渠道……在五村之外，不居五十五番之内者，毫不得侵奪，以亂我渠規焉。迄……而莫之或易也。不意世風不古，人情叵測，五村之西有南位村，私□□……渠碑陰，預爲偏地。乾隆四十四年六月大旱，衛傑等强霸絶流……無南位村番水，衛傑等不遵官斷，身等復稟蒙批，昨已勘斷……再稟，及工回審明斷曰：郭超稟衛傑一案，訊查永昌渠由南……位村之水，碑文誌典確鑿可據，至於南位村碑陰所載，永……得借此混鬧，以釀争端，取具遵結存案。嗟乎！天鑒在上，……擾之，因開於石，以爲後之無端滋事者鑒。

……理渠長郭超録案撰文，□童郭冠文書丹。

分理渠長：吏員雲恕、恩生余安、儒童王克勤。

五村同立。

……□山，馮□……石工：胡朋。

者稟官究竟必須雕鑿補工然後許其便使水罰無工

若無田産而不能興工杂番頂工使水不誤當賣若有

混入之弊儘杂村有番水之家杂村不要必在五□五番必

法良意美世世蓮守如有違者罰□長公同稟官以杂連

秒□法良意美世□蓮守

者窯戶亦當直禸稟官以壞渠規論

時然天道莫測人當順愛若斷而緒之繪無巳時

伯定時所以兌争端山

貝午至申寫兩番直厥追酉至姜自子至寅

為□奉許紊亂

個輪至一週異定使水以畫□上以□□

水以書畫並其當從二十五使水□□伕馬庄

600-2. 永昌渠争訟官斷碑記（碑陰）

立石年代：清代
原石尺寸：高 94 厘米，寬 63 厘米
石存地點：洛陽市洛寧縣城郊鄉冀莊村

……水以晝冀庄番次，十五使水，口莅馬庄……夜輪至一周，冀庄使水以晝，厥上以夜溪……而上，不許紊亂。……自午至申爲兩番，夜間自酉至亥，自子至寅，……伯定時，所以免争端也。……時，然天道莫測，人當順受，若断而緒之，緒無已時，……者，稟官究處。必須雕渠補工，然後許其使水。罰無工……若無田産而不能興工，本番頂工使水，不許當賣，若有……必須先儘本村有番水之家，本村不要，必在五十五番之……風混入之弊。……移，法良意美，世世遵守。如有違者，四渠長公同稟官以不遵……者，渠户亦當直揭，稟官以壞渠規論。

明邑賢侯劉公　聶公

劉公諱玉，字咸栗，號執齋，江西萬安縣人。由進士於
為河南第一，行取御史，歷陞刑部侍郎。學問文章
興學校，崇節義，重農桑，輕徭役，興利除害，嘗奏免
息之不忘，祐建祠於東閣，歷五十餘年。至嘉靖中
聶公諱良杞，字子實，江西金谿縣人。由進士於萬曆
陞福建參議，才識精敏，果決有為，其治輝也，麦民
諸生於百泉書院，耳提面命，士風丕變，而興除之
閘堰□閘，老萬坡、秀才庄、魯家庄、程村諸新渠跡
玉，今程村猶呼為聶公渠，誌稱祠於百泉之上，今
龍姓者或即聶公祠，而碑誌俱無可考

段公諱然，字幻然，湖廣江夏縣人。萬曆乙未科進士，於
兵部主事、户科給事中，其治輝也，端方有執，令行禁
魚鱗册悉公裁定，經兵火後，惜不可覩矣。時黃河
旋告成，為輝民節省數萬金，隣邑咸受其福，壽祠祀
先是士民公議以霍救祠久廢，奉兩公同祀
衆異之，余曰：無異也。前予公而為賢令者若劉
無存，公之意固皆欲引為同盡也，因並祀之，撥之
其為將永庇吾民，豈不休哉。邑人孫用正
月朔日

601. 明邑賢侯劉公聶公段公德政碑

立石年代：清代
原石尺寸：殘高 124 厘米，寬 70 厘米
石存地點：新鄉市輝縣市百泉風景區

明邑賢侯劉公聶公……

劉公諱玉，字咸栗，號執齋，江西萬安縣人，由進士於……爲河南第一行取御史，歷陞刑部侍郎，學問文章卓……興學校、崇節義、重農桑、輕徭役，興利除害。嘗奏免……思之不忘，初建祠於東關，歷五十餘年，至嘉靖中……

聶公諱良杞，字子實，江西金溪縣人，由進士於萬曆……陞福建參議，才識精敏，果决有爲。其治輝也，愛民……諸生於百泉書院，耳提面命，士風丕變。而興除之……閘堰，創開老鬲坡、秀才庄、魯家庄、程村諸新渠，疏……玉，今程村猶呼爲聶公渠。志稱祠於百泉之上，今……龍姓者，或即聶公祠，而碑誌俱無可考。

段公諱然，字幻然，湖廣江夏縣人。萬曆乙未科進士，於……兵部主事、户科給事中。其治輝也，端方有執，令行禁……魚鱗册，悉公裁定，經兵火後，惜不可睹矣。時黄河……旋告成，爲輝民節省数萬金，隣邑咸受其福，專祠祀……先是士民公議，以霍、敖祠久廢，奉兩公同祀……衆异之，余曰：無异也，前乎公而爲賢令者，若劉……無存，公之意固皆欲引爲同堂也，因并祀之，揆之……其亦將永庇吾民，豈不休哉！

邑人孫用正□□。

……月朔日。

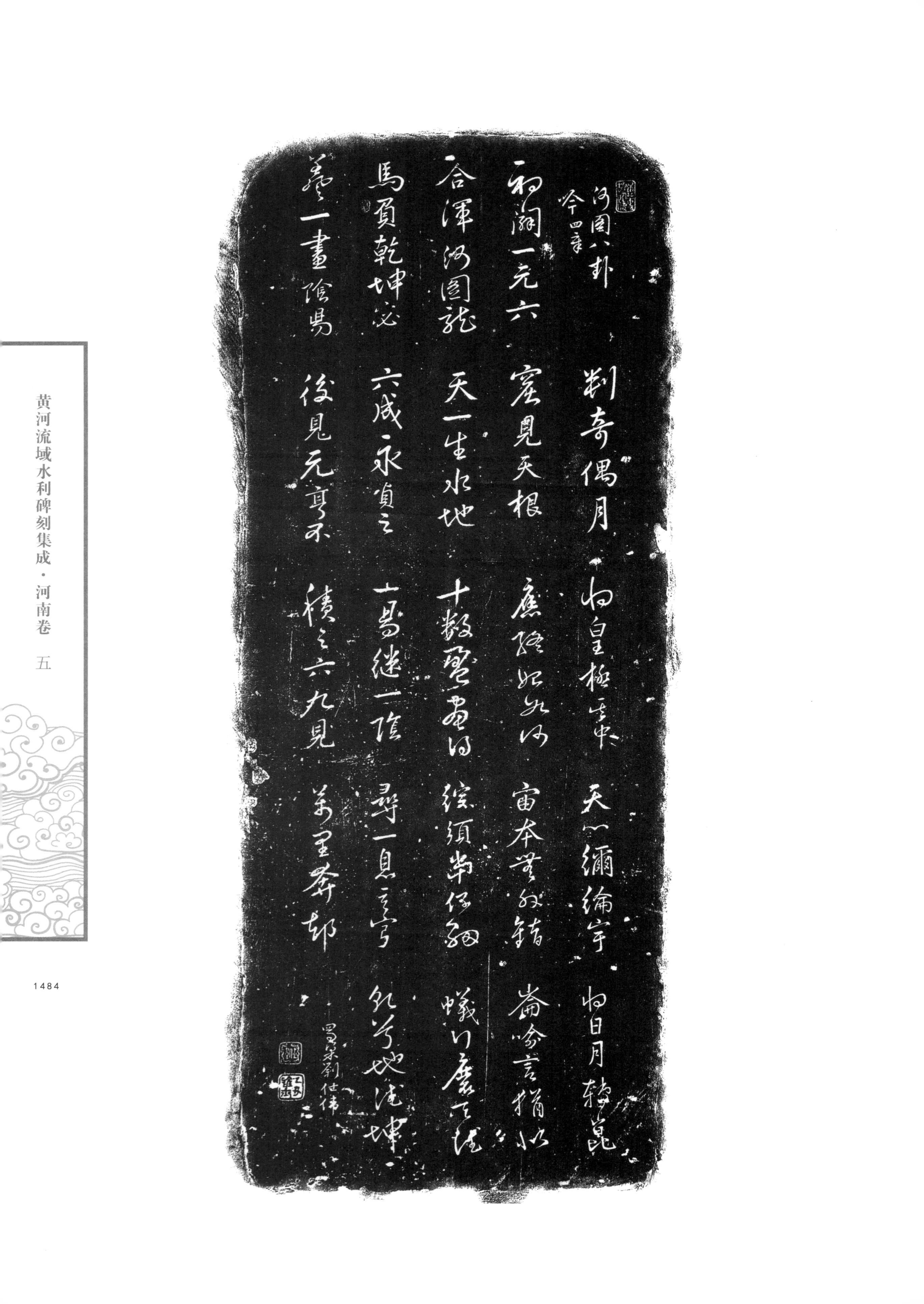

602. 河圖八卦吟四章

立石年代：清代
原石尺寸：高 133 厘米，寬 53 厘米
石存地點：洛陽市孟津區龍馬負圖寺

河圖八卦吟四章
初闢一元六合渾，河圖龍馬負乾坤。宓羲一畫陰陽判，奇偶月窟見天根。
天一生水地六成，永貞之後見元亨。不將皇極其中應，終始如何十数盈？
畫得一陽繼一陰，積之六九見天心。綳綸宇宙本無外，錯綜須當仔細尋。
一息玄穹萬里奔，卻將日月轉崑崙。喻言猶似蟻行磨，天德乾兮地德坤。
蜀梁劉仕偉。

河圖吟

603. 河圖吟

立石年代：清代
原石尺寸：高 124 厘米，寬 55 厘米
石存地點：洛陽市孟津區龍馬負圖寺

〔碑額〕：古河圖

河圖吟

至秘河圖理，神乎盡化工。

生成始一六，皇極應其中。

……先生《易經來注》，見古河圖，未悉其義。乾隆乙亥春，奉使中天，☐孟津龍馬負圖處，謁羲皇，側列龍馬背圖，乃旋毛結文而成，始悟古河圖之繪本此，至一二三四五生數，與六九八九十成數，自中央皇極五數遞加生數而成。嘻，精且秘矣！

賜進士、誥授昭武大夫、專閫襄城蜀梁刘士偉并書。

河圖贊　宋朱熹

河之圖兮開天地賾五十有五兮陰陽相索惟皇昊羲兮肇端乎神畫心玅契兮不知其千萬年之隔

後學石屏張漢立石

604. 河圖贊

立石年代：清代
原石尺寸：高 181 厘米，寬 70.5 厘米
石存地點：洛陽市老城區河南府文廟

河圖贊

河之圖兮開天地賾，五十有五兮陰陽相索。惟皇昊羲兮肇端乎神，盡心妙契兮不知其千萬年之隔。

宋朱熹。

後學石屏張漢立石。

大清
重修大龍廟碑記

605. 重修大龍廟碑記

立石年代：清代
原石尺寸：高 154 厘米，寬 59 厘米
石存地點：洛陽市宜陽縣高村鄉張延村大龍廟

〔碑額〕：大清

重修大龍廟碑記

張延村一名掘泉，係金線溪發源之處，上有大龍廟一座，不知創於何年，明萬曆時曾爲重修。迨我國朝康熙、乾隆、道光年間，屢次修補，并置住持，碑碣俱在，可考而知也。至今又五十餘載，風雨漂搖，丹青剥落，不爲重修，非惟無以延异日之享祀，抑亦無以壯目前之觀瞻。幸有韓君秉合、盧君士昇、故人張君曰敬等，慨興善念，而苦無資財，乃伐賣廟前柏樹數株。猶恐不足，又敦請四鄉親友併力募化，於是鳩工庀材，而頽者起之，廢者補之，局隘者從而寬廣之，形卑者從而高大之。巍巍乎不洵足爲一方之保障，而且展鄉父老祈晴禱雨之誠也哉。又以修廟餘資，重修舞樓，且於壁南創建奶奶廟三間，以爲弗無子者祈禱之所焉。經始於甲申冬，閱兩寒暑而功始告竣。囑余作文，余亦係化主，□質序如右云。

永邑增廣生員程天明撰并書。

功德主：韓秉合，現已故也，其子天平暨孫□□□錢四仟文。盧士昇捐錢貳仟文。張曰敬捐錢三千文。

經理：韓天禄捐錢七百，韓秉清捐錢八百，韓秉德捐錢一千，壽官盧士祥捐錢三千，張太積捐錢五百，張曰德捐錢一千。

化主：程天儒、程天鏡，二人各四百。增生程天明、馮殿玉，二人各一千。馮長亨、魏永義、魏先登，錢二百。史先來錢五百。衛殿臣、石蘊玉，二人錢各千五。阿懷湯錢六百。尹榮甲、宋克敬，二人錢各一千。阿懷堯、楊振都、蔣光興，二人錢各一千。南驛頭合渠錢十千。南□、□深村，共捐錢七千三百三十五文。福昌村合渠錢十二千二百文。陳良宰、尹克清，錢各三百。白春城錢五百。張範先錢五百。李蘭堂、李長太、張克紹，三人各錢一千。

石匠寧有祥，畫匠張五成，木匠宋東貴、聶長富捐錢壹千。

住持僧：静有暨侄有綱。

……仲春下旬谷旦立。

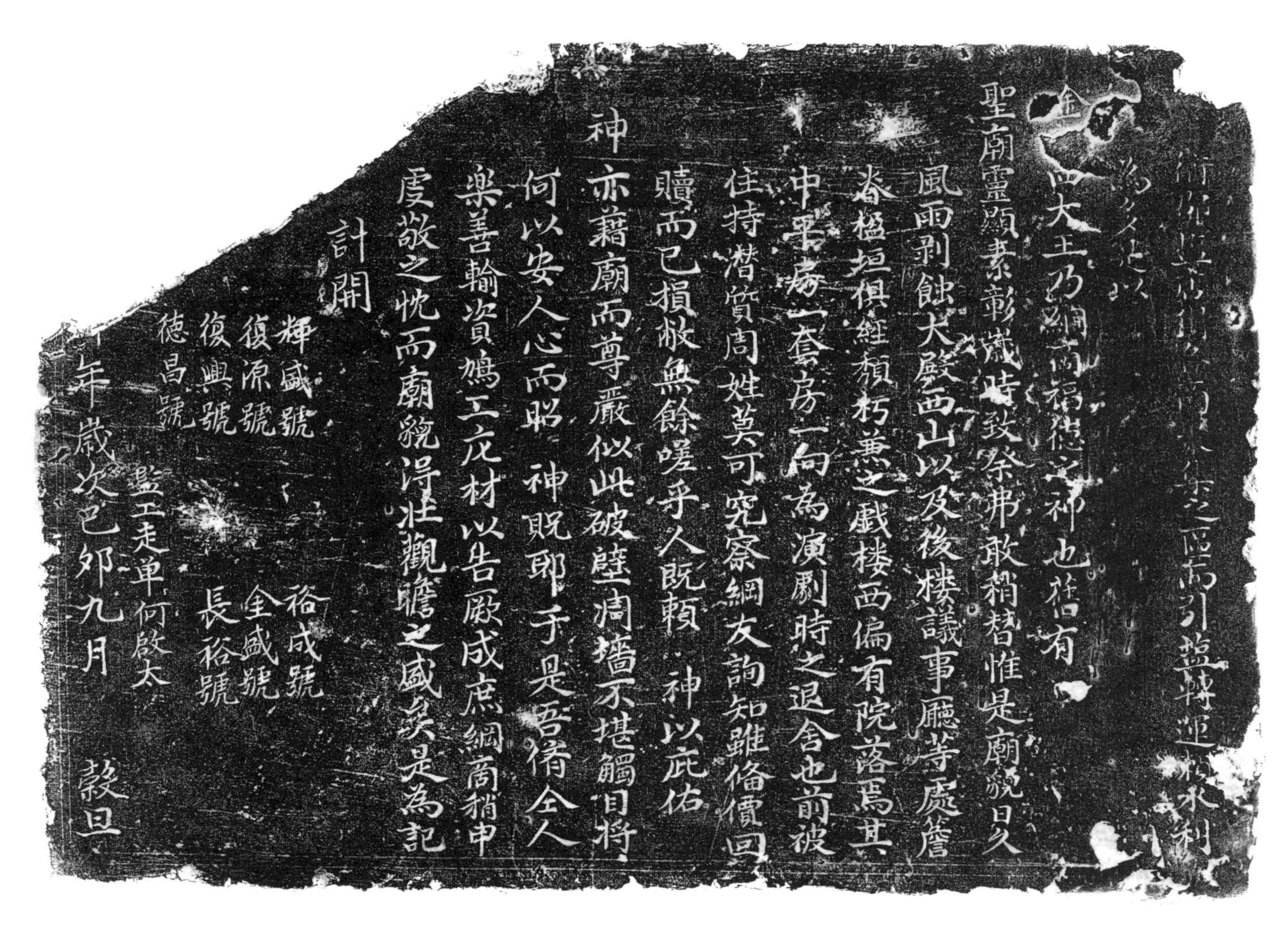

[illegible]之區而引導轉逆[illegible]水利
為[illegible]以
金[illegible]大王乃綱商福德之神也昔有
聖廟靈顯素彰歲時致祭弗敢稍替惟是廟貌日久
風雨剥蝕大殿西山以及後樓議事廳等處簷
脊檻垣俱經頹朽兼之戲樓西偏有院落焉其
中平房一套房一向為演劇時之退舍也前彼
住持潛質周姓莫可究察綱友詢知雖係價回
贖而已損敝無餘嗟乎人既賴神以庇佑
神亦藉廟而尊嚴似此破壁凋牆不堪觸目將
何以安人心而昭神貺耶于是吾儕仝人
樂善輸資鳩工庀材以告厥成庶綱商稍申
虔敬之忱而廟貌得壯觀瞻之盛矣是為記
計開
輝盛號　裕成號
復源號　全盛號
復興號　長裕號
德昌號
監工走單何啟太
[illegible]年歲次己卯九月　穀旦

606. 重修四大王廟宇碑記

立石年代：清代
原石尺寸：高 43 厘米，寬 60 厘米
石存地點：新鄉市衛輝市鹽店街土地廟

衛郡鹽店街各商聚集之區，而引鹽轉運，賴水利爲多，是以金□四大王乃綱商福德之神也。舊有聖廟，靈顯素彰，歲時致祭，弗敢稍替。惟是廟貌日久，風雨剥蝕，大殿西山以及後樓議事廳等處，檐脊楹垣，俱經頹朽。兼之戲樓西偏有院落焉，其中平房一套，房一向爲演劇時之退舍也，前被住持潛質周姓，莫可究察。綱友詢知，雖備價回贖，而已損敝無餘。嗟乎！人既賴神以庇佑，神亦藉廟而尊嚴。似此破壁凋墻，不堪觸目，將何以安人心而昭神貺耶。于是吾儕同人樂善輸資，鳩工庀材，以告厥成。庶綱商稍申虔敬之忱，而廟貌得壯觀瞻之盛矣。是爲記。

計開：

輝盛號、復源號、復興號、德昌號、裕成號、金盛號、長裕號。

監工走單何啟太。

……年歲次己卯九月穀旦。

607. 重修甘泉記

立石年代：清代
原石尺寸：高 110 厘米，寬 55 厘米
石存地點：洛陽市宜陽縣白楊鎮蝎子山村北魚泉村

〔碑額〕：重修甘泉之記

重修甘泉記

夫□之於易，居坎之□，而別有四法，曰雲、曰雨、曰泉、曰□。載在天地五行之間，惟四象之澤，寬□同洎□建於物，故和融之氣，績而爲雲雨，以肇造化，以作解深。泉源之流，亦沸涌於□□，合而爲江河□海。庶□□作□界，其原陸京阜之隆，江河不能違而浸潤之，則雲雨時得而及之，其藪澤□□□澮之卑，雲雨不能給□□及之，澤泉源能給而日及之。故雲雨□於上，而泉源潤於下，所以滋稼穡，易□□□財資設險，固灌□間□鳥獸□魚，□激春□，以似□□□□江□四座，□□而不可遺也，德莫大焉。利□□□□以王者，春秋敬報，立祠宇於四瀆，以王□河□□□河□分而解之，乃入下區□之大□□之道，未□有爲□□神藏之宅□，則有□秀爲江河之□□□□，又安得而□紀焉。……祈禱水旱害□而已，祈以……且澄澈，行百步，左溢溪……故其鄉而以水名之曰甘泉……不□防□，然匪匱有砥，下固……其功告成，里人□山松書其勞，以有文……平曰□，曰向温□，曰□醴，曰金……無德色也。□中水□□歲不□不竭，□□□可貴……人乎，□士之學，□常咏其德而推寬之，則後乎蒙於……之賢，□修之行，□生於□□而利澤加於天下……授其□而書之寬，有所□也。□後來□嗣□□之無令□廢也。……辛巳月□村□初□日□□□□，謹記。……

重修百里使君廟記

608. 重修百里使君廟記

立石年代：清代
原石尺寸：高 196 厘米，寬 68.5 厘米
石存地點：新鄉市封丘縣王村鄉廟崗村使君祠

〔碑額〕：流□□□

重修百里使君廟記

余質魯，讀書善忘，每于史鑒見先賢之有功德及政績之异人者，輒彙集一帙，以便翻閱。嘗記有《漢書》，百里公諱嵩，字景山，爲徐州刺史時，境遇旱，巡行所至，雨隨車下，人頌爲“刺史雨”。一則時未詳其里居。乙未秋，余膺玆邑，閱志乘始知，公固封邑人，卒謚使君，入祀鄉賢，并專立祠廟，在縣治東五里廟崗村迤西，即使君墳焉。余敬謁趋，見碑碣林立，匾額溢□，□大抵皆屬禱雨澤酬神而獻者。考廟之建，昉於大德年間，自元明以及國朝，□□而圮，已□而修葺，不知幾易。至道光八年、十年繼魏禮、□騰祚□次遷公大□□□民重□，迄今數十年，風雨摧殘，廟貌又頽□矣。余即思所□治之嗣，丙申三月，□潔□□，即日雨□兩月，故堰□神□□。又□□□□□□□□□□□以公□使君之爲，然我慕□□□著□□也。□心□□□□□於民則祀之，能禦大灾則祀之，能捍大患則祀之。使君之……於典□之□□二十……之在天下□□□□□□□□□往而不□，其源發之□□，尤混沉沸息，而吾□□。使君之……於□□也哉！□□□□□□□□□邑人□□□等各……

□修龍王廟□□碑記

屏山之東北舊有廟宇一座巍巍峩峩號曰龍王爰刻象以祀焉不知冠之曰龍則有變化不測之妙用欲執象以求之則不得之曰王則諸侯與大夫且不敢越分以妄干瀆在庶人余之堂侄吉元績與胞侄吉元泰此禮雖不熟聞而洞知之然猶為是舉者何也蓋念廟宇神象年月歷久經乾隆庚戌歲仲夏冷雨一傷而巍巍峩峩者幾乎風雨之不蔽夫當其作廟建宇既竭土木之費設神象復極刻畫之工曾幾何時而摧殘剝落如是耶故一游覽其間每不勝人□衰興亡之感焉於是二人同力共濟募化資財復出已□將廟宇神象俱為之□然一新而巍巍峩峩者不依然如故乎斯役也速告成於嘉慶六年冬此亦極盡經營奔走之勞矣七年春□欲勒諸貞珉元績忽染病在□閱歲餘而館舍已捐豈不痛哉今元泰與元績之子令範商議其事令範亦痛念父志慨然許可共仰余為文余遂援筆而誌之以垂不朽至若四聖祠者列於□廟之左在昔之破敗也如此之廟宇神象然矣今日之改觀也亦如此之廟宇神象然矣故不復贅一詞

庠生吉蕃撰書

總理
吉元績 錢兩千
吉元太 錢兩千

化主
吉鐸 錢二百
吉建 錢二百
蘭有恒 錢二百
蘭興 錢二百
刘全興 錢二百
吉玉衡 錢二百
吉成功 錢二百

仝立

609. 重修龍王廟與四聖祠碑記

立石年代：清代
原石尺寸：高 84.5 厘米，寬 43 厘米
石存地點：洛陽市洛寧縣澗口鄉張村寨村

重修龍王廟與四聖祠碑記

屏山之東北，舊有廟宇一座，巍巍峨峨，號曰龍王廟，爰刻象以祀焉。不知冠之曰龍，則有變化不測之妙用，欲執象以求之，則不得□之。曰：王則諸侯與大夫且不敢越分以妄干，矧在庶人。余之堂侄吉元績與胞侄吉元泰，此禮非不熟聞而洞知之，然猶爲是舉者何也？蓋念廟宇神象，年月歷久，□經乾隆庚戍歲仲夏冷雨一傷，而巍巍峨峨者，幾乎風雨之不蔽。夫當其作廟建宇，既竭土木之費；設神□象，復極刻畫之工。曾幾何時而摧殘剥落如是耶！故一游覽其間，每不勝人世□衰興亡之感焉。於是，二人同力共濟，募化資材，復出己囊，將廟宇神象俱爲之焕然一新，而巍巍峨峨者，不依然如故乎。斯役也，速告成於嘉慶六年冬，此亦極盡經營奔走之勞矣。七年春，即欲勒諸貞珉，元績忽染病在床，閱歲餘而館舍已捐，豈不痛哉。今元泰與元績之子令範商議其事，令範亦痛念父志，概然許可，共仰余爲文。余遂援筆而誌之，以垂不朽。至若四聖祠者，列於□廟之左。在昔之破敗也，如此之廟宇神象然矣。今日之改觀也，亦如此之廟宇神象然矣，故不復贅一詞。

庠生吉蕃撰書。

總理：吉元績錢兩千，吉元太錢兩千。化主：吉鐸錢二百，吉建錢二百，蕭有恒錢二百，蕭興錢二百，刘全英錢二百，吉玉有錢二百，吉九功錢二百。同立。

至正至公至靈司上天風雲雷雨之職擅人世福善禍淫之柄處處感應有驗在在
作不善降之以殃從古及今昭昭不爽精灵不可忽也享祀豈可忒乎時懷南温邑道
枝太行之陽居黄河之北地鍾乾坤粹脉人毓山川秀氣民康物阜風善俗美良心惺惺
壹豈其有觸而不興茲因古跡舊有
[illegible]元己亥迨我朝千有餘年矣經歷久而峻宇兆風雨頹而廟貌頽景者盛築漸成殆
一方黎庶閑舊規而興嗟覩陳跡而感慨人人有避思焉本村社首馬應时張氏恭
有餘社同結良缘共成盛事協力重脩以紹幾載之跡或施木植或施磚瓦匠價
辰之年落成於癸巳之歲其樹高竦殿宇森嚴仰視榱桷似乎精氣之鼓舞近觀
之跡須臾煥然更新而遐邇之民頃刻忻然改觀自是遐邇抱香來而同来士女
徹宇宙而可通敢耿勤若爲今古而不磨矣
功德輝煌今古雖忘作廟塋翼 遐邇欽仰 矣勒堅石
享祀無疆 石匠張友王泓[illegible]匠益
永傳秋吉旦

本村庠生馬騰雲撰
河陽居士宋大行書
住持道士張太[illegible]
女冠黄啓國刊
建

610. 重修龍王廟碑記

立石年代：清代
原石尺寸：高 105 厘米，寬 65 厘米
石存地點：焦作市温縣祥云鎮張寺村

……至正至公至靈，司上天風雲雷雨之職，擅人世福善禍淫之柄，處處感應有驗，在在……作不善降之以殃，從古及今，昭昭不爽，精靈不可忽也，享祀豈可忒乎？時懷南温邑迤……據太行之陽，居黄河之北，地鍾乾坤粹脉，人毓山川秀氣，民康物阜，風善俗美，良心惺惺……亶，豈其有觸而不興？兹因古迹舊有……元己亥迄我朝，千有餘年矣，經歷久而峻宇圮，風雨頻而廟貌頹，曩者盛概，澌滅殆……一方黎庶聞舊規而興嗟，睹陳迹而感慨，人人有遐思焉。本村社首馬應時、張氏恭……十有餘社，同結良緣，共成盛事，協力重修，以紹幾滅之迹。或施木植，或施磚瓦，工價……辰之年，落成於癸巳之歲。臺榭高竦，殿宇森嚴，仰視榱桷，似乎精氣之鼓舞，近睹……之迹，須臾焕然更新。而近居之民，傾刻忻然改觀。自是遐邇抱香火而同來士女……徹宇宙而可通，耿耿勒石，垂今古而不磨矣。

功德罔極，今古難忘。作廟翼翼，遐邇欽仰。爰勒堅石，享祀無疆。

本村庠生馬騰雲撰，河陽居士宋大行書。

蓋匠張廷玉，泥水匠孟，住持道士張太苓建，汝田黄啓國刊。

……未仲秋吉旦。

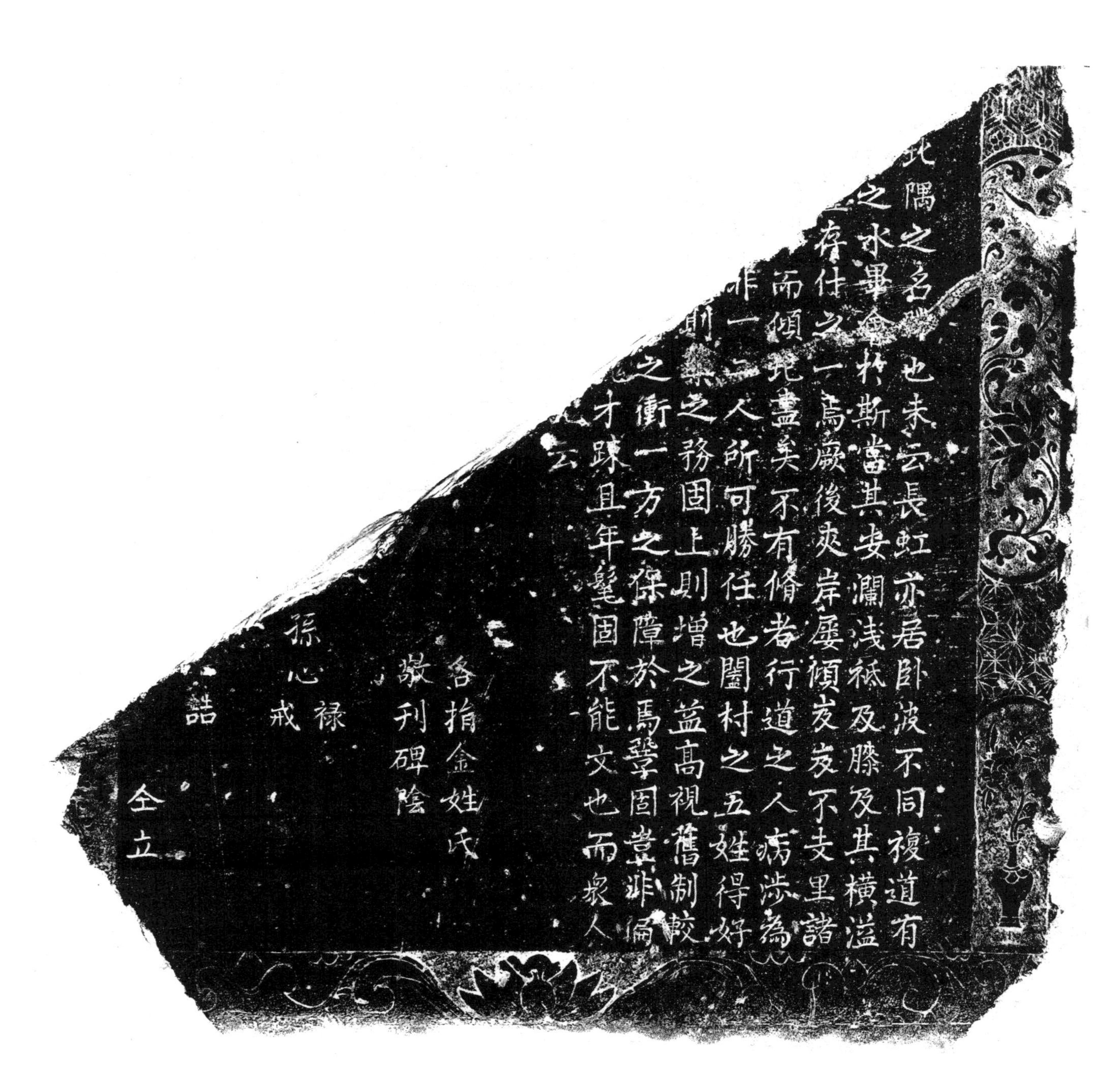

北隅之名□也未云長虹亦居臥波不同複道有
之水畢命於斯當其安瀾淺祗及滕及其橫溢
之存仕之一焉厥後爽岸屢頹岌岌不支里諸
而傾圯盡矣不有脩者行道之人病涉為
非一二人所可勝任也闔村之五姓得好
則桑之務固上則增之益高視舊制較
之衝一方之保障於焉鞏固豈非偏
才疏且年髦固不能文也而衆人
云
各捐金姓氏
敬刊碑陰
孫心禄
戒
諸
仝立

611. 重修龍溪橋碑記

立石年代：清代
原石尺寸：高 70 厘米，寬 68 厘米
石存地點：洛陽市汝陽縣蔡店鄉妙西村龍泉寺

……北隅之名勝也。未云長虹亦居，卧波不同，復道有……之水，畢會於斯，當其安瀾，淺衹及膝，及其横溢……存什之一焉。厥後夾岸屡傾，岌岌不支，里諸……而傾圮盡矣，不有修者，行道之人，病涉爲……非一二人所可勝任也。闔村之五姓得好……則築之務固，上則增之益高，視舊制較……之衝，一方之保障，於焉鞏固，豈非偏……才疏且年髦，固不能文也，而衆人……記云。

各捐金姓氏敬刊碑陰。

……孫：心禄、心戒。……喆。同立。

洛書贊 宋朱熹

洛有龜兮負文錫神禹兮彝倫夏商之季兮汩陻箕子載陳兮皇極為之一新萬世之大範兮存乎其人

後學石屏張漢立石

612. 洛書贊

立石年代：清代
原石尺寸：高 180 厘米，寬 73 厘米
石存地點：洛陽市老城區河南府文廟

洛書贊

洛有龜兮負文，錫神禹兮彝倫。夏商之季兮汩陻，箕子載陳兮皇極爲之一新，萬世之大範兮存乎其人。

宋朱熹。

後學石屏張漢立石。

王屋之巔濟水所由發源也錫圭告成四瀆並列大元受命王爵肇封水之在北條者河也外惟此為巨
村西連孟境濟水所經欲為利[illegible]故建此橋小者以通徒行而大無褰裳之苦大者以通車輿而車無濡軌
憂[illegible]於今歲月寢久磚橋剝落石[illegible]留溺往來行人感嘆咸之[illegible]烈為厲為揭致歎苦匏[illegible]流水之漫瀰就淺
就深興嗟[illegible]轄僉曰此橋實四達之道途惜無首唱而重修[illegible]是村中父老[illegible]於衆乃摶謀於衆各捐己
財尤募化於四方擇於[illegible]年二月[illegible]五日開工因其遺址層疊[illegible]橋高數尺然兩邊之路猶卑也曰橋高
而路卑倘波浪洪濤人不仍病涉乎激勵志不懈修路數大匝月之間崔巍橋乎厥功告成焉願樹碑以風後
人屬余為文登之石以垂不朽余辭不獲已因叙其始末如此云銘曰[illegible]流水伏見不常不事舟楫
聚石成梁臥波行空虹飛雁行道路無[illegible]澤被四方力補造化愛遺甘棠斯人之風山高水長
邑庠生[illegible]撰文
邑

613. 修橋碑記

立石年代：清代

原石尺寸：高 120 厘米，寬 41 厘米

石存地點：焦作市温縣番田鎮東口村

王屋之巔，濟水所由發源也。錫王告成，四瀆并列，大元受命，王爵肇封。水之在北條者河之外，惟此爲巨焉。□村西連孟境，濟水所經，欲爲利濟，故建此橋。小者以通徒行，而人無褰裳之苦；大者以通車輿，而車無濡軌之憂。迄於今，歲月浸久，磚橋剥落，石橋陷溺，往來行人感寒威之□烈，爲厲爲揭，致嘆苦匏。望流水之漫瀰，就淺就深，興嗟脱輻。僉曰：此橋實四達之通途，惜無首唱而重修也。是村中父老有激於衷，乃博謀於衆，各捐己財，尤募化於四方，擇於□年二月十五日開工。因其遺址層叠，□二橋高數尺，然兩邊之路猶卑也，曰橋高而路卑，倘波浪洪濤，人不仍病涉乎？□勵志不懈，修路數丈，匝月之間，崔巍蕩平，厥功告成焉。願樹碑以風後人。屬余爲文登之石，以垂不朽。余辭不獲已，因叙其始末如此云。銘曰：

□□流水，伏見不常，不事舟楫。聚石成梁，卧波行空。虹飛雁行，道路無□。澤被四方，力補造化。愛遺甘棠，斯人之風，山高水長。

邑庠生□□範撰文，邑庠生王□□。

614. 朝水規則碑

立石年代：清代
原石尺寸：高 129 厘米，寬 58 厘米
石存地點：洛陽市孟津區會盟鎮下古村

〔碑額〕：規則

一、禾不滿尺及立秋後，不許抬輦。

一、本年收成太減，不許抬輦。如必欲祈雨，衹可議定，水官及各村藍旗，虔誠祈禱，果然祈得甘雨，以金鼓旗號酬神可也。

一、抬小輦者，不許外村帮助。

一、輦未至三座，不許上廟前公地。

一、小輦游街，游至三夜，有後随者，方可再游。如無者，止，不許勒逼。

一、輦已五六座，而且勢不容己，地保即邀同各村首事人到廟議定，大輦可也。

一、凡游大小輦及抬輦迎水，則必有地保跟随，前後照應，毋使滋事。

一、八村首事人在廟議游大輦時，旋即議定水官二人，先期通知，齋戒沐浴。各村藍旗齊集，敦請到廟，擇吉取水。

一、水官只擇忠厚正直者充膺，不必論其功名，然必多數認可方佳。

一、各村公舉藍旗一人，亦須公正，但不許年幼無知者充入。

一、廟前落輦地位：儘東修福拐，次李圪壋，次付家村，次東關，次張家村，次梁家樓，次西下古，儘西東下古，游輦先後亦如之。

一、八村向分東西四所：修福拐、東下古、梁家樓、西下古，此輦均由長壽寺門以至廟前，因謂東四所；付家村、李圪壋、張家村、東關，此輦均由華堂以至庙前，因謂西四所。

一、凡游大小輦，張家拐、韓家拐、方家拐皆不到。

一、頭輦輦杆須較各村微長，方無滯碍。

一、游輦道路：由廟前，先何家村，次李圪壋、張家村，□門南折，入史家門，西至東關西頭，即由東關□，旋至夷齊祠門南，倒入三官衚衕。頭輦在三官廟門正轉，落至白衣堂前。餘皆在三官衚衕歇輦。歇畢，即由西下古直至梁家樓、東下古東頭，仍旋至修福拐，齊集庙前公地落輦，然後各照來路歸本村。

一、游輦所經道路，地保先期通知各村修理路旁樹木。稍有滯碍，任頭輦修折以能過爲度，無得攬阻。

一、凡輦起落行止，以頭輦炮聲爲令，約錢均攤。

一、游輦每相去約以十餘丈爲度。頂輦人前後照顧，使無擁擠，致生口角。

一、取水向在屋鸞村五龍溝居多，地保先期遍粘路帖，以示計擾。

一、輦至西關迎水，擇平坦地兩邊落之。須將道路閃開，恭候神駕。

一、報水人向係頭輦藍旗，如有不便，准令旁所藍旗代之。

一、望駕三朝。第一次朝水，各村輦在西關齊集，俟駕到均起，依次向西望駕朝水。朝畢，即將輦傘落去轉回。未朝者，在旁讓路。第二次朝水，各村輦至廟前公地，各照本位齊集，俟駕至付家村東頭時，依次在廟前西向連環望駕朝水。如頭輦朝畢，跕末輦位，末輦與諸輦即往東漸移一位；次輦朝畢，亦站末輦位，頭輦與諸輦亦往東漸移一位，如此連環朝水。朝畢，仍各照本位。

615. 游百泉詩碑

立石年代：清代
原石尺寸：高 47 厘米，寬 118 厘米
石存地點：新鄉市輝縣市百泉風景區

舊約烟霞願竟伸，官身聊暫作閑身。那將幾勺泉源水，來滌頻年京洛塵。萬斛珍珠隨涌現，一徑明月漾漣淪。多慙好事賢明宰，肯爲名山作主人。

隔岸微茫見佛燈，當頭巒翠擁層層。水邊風似久要友，岩際雲如入定僧。舒嘯臺荒秋有夢，禮星殿古夜疑冰。明朝又踏輲江去，欲濯□纓愧未能。

余自乙未出守宋州，即擬作百泉之游，往返者屢矣，俱以事未果，今歲出都赴湘南，遂紆道以踐此約。適□由大兄大人宰是邦，東道周旋，流連竟夕。率成二律，即呈疋正。□門□萬□并識。

黔筑張新鎸。

616. 創建龍王廟碑記

立石年代：清代
原石尺寸：高 106 厘米，寬 50 厘米
石存地點：洛陽市宜陽縣三鄉鎮下莊村龍王廟

〔碑額〕：□□□□

創建龍王廟碑記

龍之爲靈昭昭也，其在《易》曰：雲行雨施，品物流行。又曰：雲行□施天下，□之功大□哉！考之《祭法》有雩□之典，聖王有禱雨之□，建廟以□□也。□王□廟，皆巍焕矣，獨□□□□，猶未建□。□懷吉、陳□□憾之，因約會□人，□□五十餘□，殫心勞□，□□□□，王□□思此□之□□□□哉。爲□廟貌□□，而神有□依也。□□□□□水□□□也。其三時□害，而□□年豐也。□亦以……惟斯廟之建之功居多云。

廩膳生員□□飛敬□，本村居士馬□謹書。

會首：馬有□、牛振、陳呈略、吏員陳呈抱、牛星輝、陳□書、馬可本。

住持僧清存，徒争雪，捐錢一千。

……年歲次□戌律中黄鐘吉旦。

欽差河南學政渤海劉公優恤

617. 欽差河南學政渤海劉公優恤青衿豁免差役碑

立石年代：清代
原石尺寸：高 254 厘米，寬 86 厘米
石存地點：新鄉市輝縣市第一初級中學

钦差河南學政渤海劉公優恤青衿豁免差役碑

公諱慶蕃，號□庵，北直滄州人，戊辰科進士。

清朝渥典，每生免糧貳石，此言其正糧也。至於各項雜差，不問而理宜俱免矣。第彈丸輝邑，士子多而糧地少，俱免則民不堪差也。後申請各上臺准文，每生止免地兩頃，是除條銀正供外，如大兵過止，兵糧草豆與齊民同出，其餘夫役雜差等項，各除地兩頃而不派也。如里書不除免式，或妄派一人，或妄派一里者，凡我同衿即公出辨説。如□□望不前者，即係衣冠禽獸、名教罪人矣。如五年春派修黄河夫役，係奉旨大典，每生照依免式，各除地兩頃而不派。至於城夫、雜差小役，一概照免数除豁，已有往規可按也。以後里書不得借口事小事大，而爲更端改异之派，致起紛擾辨搆之舉矣。

闔學生員申撰等同立。

丙戌小春吉旦。

618. 游鳳凰山鳳凰泉

立石年代：清代
原石尺寸：高 62 厘米，寬 152 厘米
石存地點：洛陽市宜陽縣靈山寺

游鳳凰山鳳凰泉（一名靈山，□靈王葬此）
鳳凰山半鳳凰泉，一碧亭泓不記年。
竹剪獨悴新笋出，槐枯猶見老藤纏。
黄曇留客憶山菓，白鷺窺魚立水田。
古塚靈王何處問，滿林春艸滿徑烟。

其二
灌木斜封鳳凰嶺，浮萍深護蟄龍游。
嶺頭怪石洞仍古，湫上翼竹亭自幽。
愁聽風高嘶戰馬。喜看沙軟卧閑鷗。
乾坤此際方多事，白髮蕭蕭當遠游。
流寓河北張搏題。

余宰宜之三月，筠□楊侍御偕柏庵、六翮兩兄過訪，邀飲靈山鳳凰泉，即席倡和。
尋芳聯轡去游山，柳岸花村水幾灣。
地瘠方知俗吏苦，林深應羡老僧閑。
揮□不□索詩料，載酒惟求開咲顔。
坐下清風携滿袖，歸来猶帶□露還。
關中張超題。

侍御楊筠□同柏庵、六翮兩侄訪張遷，游靈山寺鳳凰泉，登臨倡和，備極山水之娱，余匝月後至，招飲於此，勉步前韵，懷同人、誌勝游也。
幾重曲水幾重山，山自清幽水自湾。
寺在青山山色秀，泉澈绿水水波閑。
游山携友催詩興，臨水輪盃放醉顔。
□有此間山水好，山水猶傍水涯還。
橋山張永□題。

619. 暮春喜雨即事有序

立石年代：清代
原石尺寸：高 58 厘米，寬 132 厘米
石存地點：新鄉市輝縣市唐崗村吕祖閣

暮春喜雨即事有序

余任河朔載餘，歲時荒歉，怒焉憂之。衛城西北有吕祖廟，降乩甚靈。甲子元旦，以歲例往叩之，判是年麥秋各半收。越二月終旬無雨，風沙爲厲，二麥漸成枯槁，播種眼見失時。再往禱之，答以清明後二月終雨落三次，可得四寸許。余雖望雨心切，然事涉荒唐，初猶疑信參半也。届期其應如響，一時耕者饁者熙熙焉，頌雨暘時若矣。遂謁謝吕祖廟，蒙不任功，又乩書，上帝批旨云：河朔道臣無慙德，視民饑由己饑。應化甲子不祥，雨爲甘霖，二麥秋成，各增收一分。斯言也，與元旦半收之詞實相脗合，讀之凛然惶悚，嘆其有感必應，因廣其舊祠，建閣祀之。遂口占俚言四韻，爰記其事。

其一

新雨初晴郊外游，從容攬轡問西疇。隴頭二麥含春色，野甸三農計有秋。饁婦饋餉稚子候，耕夫秉耒老人休。彼蒼自是憐凶歉，先灑甘霖遍北洲。

其二

衛源若旱自年年，恰喜今春膏雨偏。老吏憂心臣體國，上仙降格德通天。民饑由己何能任，帝鑒惟誠信念堅。留得五雲倫綍在，新聞海外恐驚傳。

其三

去歲捐荒頌聖君，民間正供減三分。九天春日垂犁雨，三郡秋成看稼雲。元旦預書半獲兆，暮春旋報再加文。靈仙海内興祠祝，惟我朝歌萬古芬。

其四

由来帝相燮陰陽，風雨調和遍海疆。告語惟嗟相見晚，爐香猶幸歲時長。今朝創建祠臺近，他日登臨眺遠方。岱嶽行山雲樹望，遥通呼吸即同堂。

營丘田慶曾。